建筑空间设计思维与表达

十三五

住房城乡建设部土建类学科专业『十三五』规划教材

任　宇　刘万彬　主编

佘林子　主审

中国建筑工业出版社

图书在版编目（CIP）数据

建筑空间设计思维与表达 / 任宇，刘万彬主编 . —
北京：中国建筑工业出版社，2023.3
住房城乡建设部土建类学科专业"十三五"规划教材
ISBN 978-7-112-28130-5

Ⅰ. ①建… Ⅱ. ①任… ②刘… Ⅲ. ①空间—建筑设
计—高等学校 - 教材 Ⅳ. ① TU2

中国版本图书馆 CIP 数据核字（2022）第 207629 号

本书以设计工作流程为线索，贯穿设计筹备阶段、概念设计阶段、详细设计阶段和施工图设计阶段，通过举例，图文并茂地展示了每个工作环节的任务情境及对应的专业表达形式，并总结出每个阶段设计思维的特点。所有篇章还设置了相应的实训向导，为使用该教材的老师和学生提供了测评标准和成果示范。书中大部分设计案例为编者亲历的真实项目，书中的二维码数字资源可作为教学资料。

本书可作为高职院校建筑室内设计、室内艺术设计、建筑装饰工程技术等建筑装饰相关学科和专业的教材和参考书用，也可作为建筑室内装饰装修设计从业人员的参考和培训用书。

为了更好地支持相应课程的教学，我们向采用本书作为教材的教师提供教学课件，有需要者可与出版社联系，邮箱：jckj@cabp.com.cn，电话：（010）58337285，建工书院 http://edu.cabplink.com。

责任编辑：杨 虹 冯之倩
责任校对：董 楠

住房城乡建设部土建类学科专业"十三五"规划教材
建筑空间设计思维与表达
任 宇 刘万彬 主 编
佘林子 主 审

＊

中国建筑工业出版社出版、发行（北京海淀三里河路 9 号）
各地新华书店、建筑书店经销
北京雅盈中佳图文设计公司制版
内蒙古爱信达教育印务有限责任公司印刷

＊

开本：787 毫米 ×1092 毫米 1/16 印张：15 字数：326 千字
2023 年 3 月第一版 2023 年 3 月第一次印刷
定价：**49.00** 元（赠教师课件）
ISBN 978-7-112-28130-5
（40196）

前　　言

设计思维与表达是设计职业发展的基础核心能力，贯穿设计创作的全过程，根据工作实践中各个环节的目标会有不同的表达方式。本教材将以真实项目操作流程为依据设置设计表达的教学章节，并根据职业岗位需求设立相应的成果标准以帮助训练和教学测评，从而使师生在教学中有的放矢，培养学生系统、有序、实用的设计表达能力。除了具有专业的知识系统，本教材还引入大量精美的图片，均为来自行业优秀设计机构在实际项目中杰出的设计表达作品，希望学生借此典范在轻松愉悦的学习过程中进步成长。

本教材编写特色：以工作过程化为篇章设置依托、以职业岗位技能标准为引领、以教学进程为线索、以阶段成果标准为导向。

本教材由多所院校教师和行业精英共同编撰，具体编写分工如下：第1、4章由重庆建筑工程职业学院任宇编写，第2章由重庆工商大学周正芳媛编写，第3、6章由四川建筑职业技术学院、成都布道空间室内设计有限责任公司刘万彬编写，第5章由重庆建筑工程职业学院余佳洁编写。全书由任宇统稿，由重庆能源职业学院佘林子主审。

课程设置

1.课时安排

建议总课时72学时。

课时安排表

章节	课程内容		课时
1 导论	1.1 建筑空间设计思维与表达释义	1.1.1 建筑空间"设计思维"释义	2
		1.1.2 建筑空间"设计表达"释义	
		1.1.3 建筑空间设计思维与设计表达二者的关系	
	1.2 设计思维与表达贯穿设计全过程	1.2.1 设计过程的四大阶段	2
		1.2.2 设计思维与表达在设计过程中的阶段性应用	
	1.3实训教学向导——《思维实训任务书》	1.3.1 任务内容	4
		1.3.2 测评标准	
2 设计筹备阶段的思维表达	2.1 该环节任务及情境	2.1.1 项目认知	2
		2.1.2 项目调研	
		2.1.3 项目分析	
		2.1.4 项目"画像"	
	2.2 表达的具体形式及案例	2.2.1 项目认知表达	4
		2.2.2 项目调研及分析表达	
		2.2.3 项目"画像"表达	

章节	课程内容		课时
2 设计筹备阶段的思维表达	2.3 该环节思维表达的特点	2.3.1 完整全面原则	1
		2.3.2 客观真实原则	
		2.3.3 准确系统原则	
	2.4 实训教学向导——《项目筹备阶段实训任务书》	2.4.1 任务内容	5
		2.4.2 测评标准	
3 概念设计阶段的思维表达	3.1 该环节任务及情境	3.1.1 设计策划与定位	4
		3.1.2 设计理念与创意主题	
		3.1.3 初步空间规划与功能构架	
		3.1.4 设计蓝图预想（空间设计意向）	
	3.2 表达的具体形式及案例	3.2.1 设计策划与定位成果表达形式	6
		3.2.2 设计理念与创意主题成果表达形式	
		3.2.3 初步空间规划与功能构架成果表达形式	
		3.2.4 设计蓝图预想（空间设计意向）成果表达形式	
	3.3 该环节思维表达的特点	3.3.1 逻辑思维	1
		3.3.2 发散思维和抽象思维	
		3.3.3 图像思维	
	3.4 实训教学向导——《概念设计阶段实训任务书：概念设计文本制作实训》	3.4.1 任务内容	5
		3.4.2 测评标准	
		3.4.3 成果示范	
4 详细设计阶段的思维表达	4.1 该环节任务及情境	4.1.1 固定空间设计	4
		4.1.2 空间效果呈现	
		4.1.3 施工工艺技术设计	
		4.1.4 活动陈设设计	
	4.2 表达的具体形式及案例	4.2.1 本阶段的分项表达方式	6
		4.2.2 本阶段的综合表达方式	
	4.3 该环节思维表达的特点	4.3.1 从笼统到具体	1
		4.3.2 从抽象到具象	
		4.3.3 从感性到理性	
	4.4 实训教学向导——《详细设计阶段实训任务书：详细设计展板制作实训》	4.4.1 任务内容	5
		4.4.2 测评标准	
		4.4.3 成果示范	
5 施工图设计阶段的思维表达	5.1 该环节概念及任务	5.1.1 建筑图	3
		5.1.2 室内装饰施工图	
		5.1.3 材料选样、制作小样	
	5.2 表达的具体形式及案例——以某样板间为例	5.2.1 建筑室内装饰设计 CAD 施工图	4
		5.2.2 建筑室内装饰设计其他设施设备的 CAD 施工图	
		5.2.3 材料选样、制作小样	

章节	课程内容		课时
5 施工图设计阶段的思维表达	5.3 该环节思维表达的特点	5.3.1 制图规范	1
		5.3.2 内容详尽、准确	
		5.3.3 尺度与比例严谨	
	5.4 实训教学向导——《施工图阶段实训任务书》	5.4.1 任务内容	4
		5.4.2 测评标准	
		5.4.3 成果示范	
6 设计思维表达的实例应用	6.1 以"某高空精品酒店"为例的酒店项目设计思维表达	6.1.1 酒店项目设计筹备阶段表达成果及案例解析	6
		6.1.2 酒店项目概念设计阶段表达成果及案例解析	
		6.1.3 酒店项目方案设计阶段表达成果及案例解析	
		6.1.4 酒店项目施工图设计阶段表达成果及案例解析	
	6.2 实训教学向导——《实例应用任务书：思维与表达项目解读训练》	6.2.1 任务内容	2
		6.2.2 测评标准	
		6.2.3 成果示范	

2. 能力目标

（1）启发思考演进的能力

建筑空间设计从头至尾是一个复杂交叉的过程：在一个完整的空间设计过程中，感性思维和理性思维、抽象思维和具象思维时常反复交替；不仅需考虑心理学、色彩学、美学、社会学、文化内涵等诸多感性类学科内容，还需考虑建筑学、人机工程学、材料学、计算机等诸多理性学科内容。多种思维、多门学科相互穿插，容易让人思绪凌乱、条理不明。通过本课程的学习，给出设计程序的线索，指引学生"顺藤摸瓜"，使学生具有清晰的设计思路和有序、有效推进设计进程的能力。

（2）培养专业表达的能力

建筑空间设计从来不缺想法，普通人也能提出很多要求。区分设计行业专业和非专业人士最重要的标志就是，是否能够将脑海中的想法以专业的手段表达出来。通过本课程的学习，学生应能掌握多样化的表达方法，包括图纸、图形、图表、文字、虚拟或实体模型等，能在任何一个设计环节熟练选择并使用专业手段，清楚准确地对客户或对团队传达设计想法。

3. 课程衔接

建议第三、四学期开设本课程。

（1）前导课程

专业基础课：《美术》《CAD 应用基础》《造型设计基础》《设计概论》。

专业核心课：《表现技法》《室内效果图》《版面设计》《制图与识图》《材料与施工》《施工图综合设计》《灯具与照明》《家具设计》《设计原理》。

（2）本课程

专业衔接课：《建筑空间设计思维与表达》。

（3）后续课程

专业实践课：《居住空间设计》《公共空间设计》《毕业项目综合设计》《顶岗实习》。

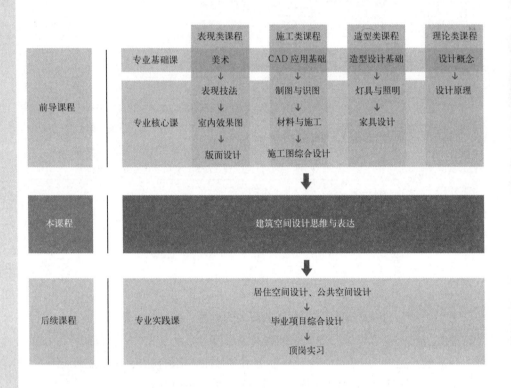

如上图所示，本课程位于整个教学安排的中段，有承上启下的作用。前导的专业基础课和专业核心课都是有针对性的技能锻炼；中段本课程将所有习得的技能纳入设计进程，按阶段串联起来，让它们各司其职、各就其位；最终后续的实践性课程将已串联的技能和思考能力进行模拟或实际项目应用，完成整个教学周期。

4. 实训方案

本课程实训方案的制定应遵循由分到总、由易到难、趣味积累、循序渐进的思路。

由分到总的实训，指分阶段逐步利用针对性的小练习打牢基本功，最后进行汇总式的综合训练及检测。

由易到难的实训，指先从较为容易的内容练起（如手绘效果图训练应先从简单的线条、临摹等方式开始训练），保证学生的跟随度，避免难度陡然升高导致学生知难而退，放弃练习。逐步提升训练难度和强度，让学生感受到战胜困难的成就感，从而提升学习兴趣。

趣味积累的实训，指训练内容应避免枯燥乏味的重复，尽量设置契合当下时代热点的训练内容，反复练习以达到积少成多、由量变到质变的目的。

循序渐进的实训，是整个实训方案的指导性总结。本课程的训练重点不在最终成果的好与坏，而在于设计过程中的思维演进和多元化表达手段训练。

实训方案总表		
训练环节	训练内容	训练目标
一、基础思维实训	1. 记录思维训练 2. 分析思维训练 3. 沟通思维训练 4. 展示思维训练	培养学生设计全过程的逻辑思维能力
二、阶段表达实训	1. 设计筹备阶段表达训练 2. 概念设计阶段表达训练 3. 详细设计阶段表达训练 4. 施工图阶段表达训练	培养学生全案设计的专业表达能力
三、综合实训	"以赛促学"——挑选一个有分量的设计竞赛作为依托，按竞赛要求进行全案设计。 竞赛选择参考： 1. "新人杯"全国大学生室内设计竞赛 2. CIID中国室内设计大奖赛 3. "巴渝工匠"杯重庆市高职院校学生职业技能竞赛"建筑装饰技术应用"赛项	培养学生围绕企业岗位需求为核心的工作能力

目　录

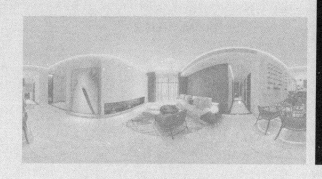

建筑空间设计思维与表达

1 导论

1.1 建筑空间设计思维与表达释义

1.1.1 建筑空间"设计思维"释义

1.设计思维的背景

"设计思维"起源于世界最负盛名的创新咨询和设计公司 IDEO，其创始人 David Kelly 后来在美国斯坦福大学创立了著名的"Hasso Plattner Institute of Design at Stanford（简称 D.School）"，并总结出一种行业通用的思维方法，名为"设计思维（Design Thinking）"。

2.设计思维的核心价值

"设计思维"是一种设计方法，它反对靠随机产生的灵感来获得创新，主张可靠的、持续稳定的创新。"设计思维"就像一个推导公式，可以解决所有复杂且不确定的问题，让创新稳定的发生。

3.设计思维的内容

美国斯坦福大学定义的设计思维，包括同理心、定义、构思、原型、测试五大环节内容（图 1-1）。

设计思维

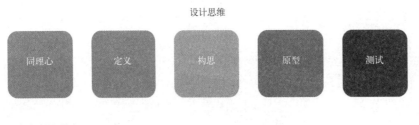

图 1-1
斯坦福大学定义的设计
思维五大环节内容

（1）同理心

同理心是指设身处地地洞察对象人群的真实需求。

例如：对着别人用左手的食指和右手的食指摆一个"人"字，运用同理心发现从对方的视角看起来字是反的，因此你得摆一个"入"字。

（2）定义

分析定义对象人群的需求，提炼问题症结。

例如：假设你和你的宇宙飞船机组成员在测量设备全毁的情况下，降落在错误的着陆点。你将如何率领团队走出绝境？

运用"我们该（如何），为（谁），做（什么），去解决（什么问题）"的句式提出问题，问题就从"如何率领团队走出绝境"具体到"我如何尽可能多的收集资料，尽快确定地理位置，联系救援"。

（3）构思

提出大量解决问题的创意想法。

例如：在 10 分钟内，想出 30 个方法解决当前的问题。

（4）原型

将筛选出的创意制作成实体模型或样品。不必拘泥于形式和材料，快速制作模型或实施想法。

（5）测试

试用、评估并优化创意方案。

总的来说，设计思维是一种思维方式，它有几个特定的环节，可以用于不同的项目。"它就像一本菜谱，告诉你烧菜的步骤，烧的时间等，但是每个人用它炒出来的东西都不一样，可以有不同的口味，不同的原料和配料，而跟着这本菜谱仔细做，一般不会做得太难吃。"

4. 建筑空间中的设计思维

可以说，"设计思维"起源于设计界，当然也适用于建筑空间设计行业。与"设计思维"方法论相对应的建筑空间设计思维，归纳为以下五点（图1-2）。

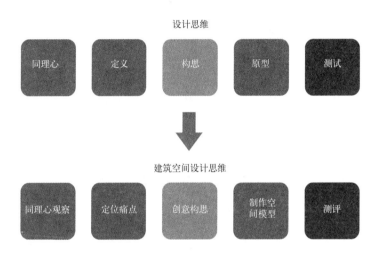

图 1-2
"设计思维"对应的"建筑空间设计思维"

（1）同理心观察

设身处地地洞察空间使用者及设计委托人的需求。

值得注意的是：空间使用者同时可能是设计委托人，如住宅空间，住户是空间使用者同时也是设计委托人；而设计委托人不一定是空间使用者，如餐厅老板是设计委托人，但空间使用者却是食客。

1）观察空间使用者需求

①角色扮演空间使用者，观察、参与、体验。

②现场考察目标空间，发现问题。

③现场考察或搜集同类优秀案例，吸取经验。

④咨询相关领域专家、查阅相关专业规范。

2）观察设计委托人需求

①解读设计任务书。

②沟通访问并记录。

例如：某儿童摄影工作室室内设计项目启动之初，在跟设计委托人沟通时，了解到她希望设计师设计一个能够让小朋友愉快玩耍的空间，便于拍摄时捕捉笑容和情绪。因此，设计团队历经了一段观察小朋友玩耍喜好的调研，走访了游乐场、幼儿园，甚至某家居城儿童区（图1-3）。

图 1—3
实地及案例调研发现，小朋友喜欢钻低矮的洞口、在墙上涂画、攀爬和奔跑

（2）定位痛点

在建筑空间设计中，定位痛点即明确空间使用者及设计委托人的需求，找出需要设计解决的问题。

1）明确功能需求及审美需求。

2）找出满足需求的不利因素和空间环境的局限性条件。

3）运用"我们该（如何），为（谁），做（什么），去解决（什么问题）"的句式提出问题。

例如：该儿童摄影工作室室内设计项目在设计过程中，梳理出设计最需解决的问题在于保证儿童在该空间内活动的安全性。由于儿童具有喜欢奔跑冲撞的天性，设计方案最后决定把所有可能会伤到小朋友的尖锐边角全部倒圆（图 1—4）。

（3）创意构思

利用以下创新思维的方式，挖掘大脑潜力，提出解决空间问题的创意方案。

1）头脑风暴

针对某一个具体问题，集中多人，无限制地自由联想和讨论，尽可能多的产生新观念或激发创新设想，并写或画出来，这就是头脑风暴（图 1—5）。

在设计创意萌生过程中，可以先将团队成员聚集到一起通过头脑风暴抛出自己的观点和想法，一开始采用直觉和发散思维方式，进行范围较为广阔的

图 1—4
全部倒圆的阳角轮廓线
（左）
图 1—5
头脑风暴（右）

收集。由于设计灵感保持的时间比较短暂，若不及时记录，便会稍纵即逝，可把抛出的概念和想法用草图图形、符号内容的方式或者文字记录的方式全部呈现出来，当然这个阶段的图形相对来说不太规则，可能还很潦草，只要自己或者相配合的团队能理解、看得懂就行。头脑风暴是一种依靠直觉生成概念的方法，团队成员在规定时间内提出问题并进行交流，要求与会者思维活跃，打破一切常规和束缚，随意地进行交谈、发表意见，使他们互相启发、引发联想，从而产生较多、较好的设想和方案。

当一个团队成员提出一种设想时，会激发其他成员的联想，而这些联想又会激起更多更好的联想，这便是"头脑风暴"的运作机制。创意方案会先剧增，到达一个平台期后开始消减。在整个过程中，如果一个成员的设想和方案是可实施的，那么团队成员就要把握最佳时间，积极反馈，再由此作为新的问题点，引起新的联想，这时创意方案至少会增加一倍，头脑风暴的关键就是问题的提出。

头脑风暴首要的优势在于能够在短时间内把许多人的努力联合起来，产生一些个体不会产生的想法和更多的解决问题的方法。想法越多最后得到有价值见解的可能性也就越大。因此，通过头脑风暴通常可以得到一些意想不到的解决方案。

头脑风暴的实施首先需要建立一个创意发想的团队，团队成员不仅包括从事室内设计的人员或这个领域的专家，而且需要其他人员参与，比如公共空间的使用者、项目甲方或其他专业领域的人员，他们的加入往往可以促进新想法的产生。

知识拓展

要让头脑风暴产生更有效且高质量的创意，可以结合头脑写作（Brainwriting）的方式。其实头脑写作是头脑风暴的一种变异形式，只不过成员们在过程中会将他们的想法写在纸上，而非脱口而出。成员们一边记录下自己的想法，一边将这些笔记在小组里传开，阅读彼此的思路，并继续在下面写下自己的新想法（图1-6）。这样的合作方式维持了小组互动的建设性。在获得较多创意的可能性之后，再回过头来进行个人独立思考，这时便是优秀创意最可能产生的时机。

2）思维导图

和头脑风暴紧密结合的是思维导图（Mind Map），也称为辐射思考。简单地说，思维导图可以是头脑风暴的

图1-6
头脑写作

视觉化，也可以是思维调研的一种形式。一张美观易读的思维导图可以让设计师更快地去探索研究问题的各个方向、主题领域和创意概念。手绘、便签、图形、文字、拍摄等都可以是制作思维导图的视觉手段（图1-7~图1-9）。思维导图可以画图的方式将问题及答案可视化，从而辅助创意的延续。

如何创造出一张思维导图呢？

第一步：把核心的元素（问题）写在版面的正中间。

第二步：产生联想，像树枝分支一样画出或写出与核心相关的文字或图像。

第三步：每一个分支还可以继续发散，快速写下全部想法来放空思维。

第四步：把每个分支的词汇或图像随意搭配，可以发现一些独特的创意。

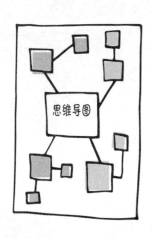

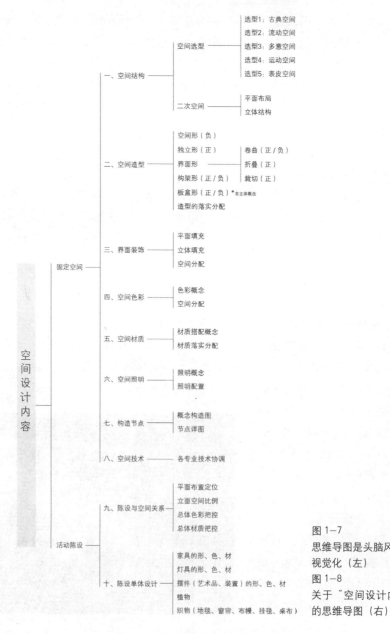

图1-7
思维导图是头脑风暴的
视觉化（左）

图1-8
关于"空间设计内容"
的思维导图（右）

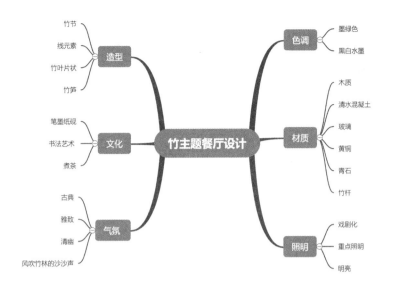

图 1-9
竹主题餐厅空间设计之
初的思维导图

3）发散思维

发散思维是大脑思维呈现出一种扩散状态，呈现出多维发散状，最终产生多种可能的答案而不是唯一正确的答案，因而容易产生有创见性的观念。发散思维又称辐射思维、放射思维、扩散思维或求异思维，如一题多解、一事多写、一物多用等。

例如乳胶漆在室内设计中的用法：刷在墙面上（图 1-10）、刷在玻璃背面（图 1-11）、两种颜色重叠（图 1-12）、色彩喷洒渐变（图 1-13）、改变雕塑或摆件的颜色（图 1-14）等。

4）联想思维

联想思维是指在两个以上的对象之间建立联系，包括相似联想、对比联想、接近联想和强制联想。

图 1-10
乳胶漆在室内设计中的
发散用法：刷在墙面上
（左）
图 1-11
乳胶漆在室内设计中
的发散用法：刷在玻
璃背面（右）

①相似联想

二者从结构、形态、色彩等角度存在极为明显的相似或相近属性，在二者之间建立想象连接（图1-15）。

②对比联想

对比联想是指联想物与触发物之间具有相反性质的联想。例如，建筑空间中色彩的鲜艳—灰暗、材质的粗糙—细腻、形状的大—小、关系的稀疏—密集、空间的通透—封闭、光线的明亮—昏暗等。

③接近联想

接近联想是指联想物与触发物之间存在极为密切的关联或存在某种共性的联想。例如，某舞蹈美学空间的室内设计，由舞蹈动作的刚柔并济联想到自然界最柔美而又壮丽的代表——海洋之美（图1-16）。以海洋元素为线索贯穿整个舞蹈美学空间的设计（图1-17）。

④强制联想

强制联想是在一定的控制范围内进行联想，是强制地运用类比、近似、对比等手法，把两个或多个给定的，但却独立无关、大相径庭的事物外在或内在地联系起来。类比事物往往"八竿子打不着"，但却被人为找出某些相同点。比如戴璞建筑事务所设计的多米诺2号餐酒吧室内空间，把重庆的山和桌椅这两个"八竿子打不着"的物体放在一起进行强制联想，获得了有趣且创新的结论（图1-18~图1-20）。

知识拓展

联想是从一个事物联想到另一个事物的思维活动，是人们通过一个事物（事件）的触发而迁移到另一个或多个事物（事件）的思维方法。在联想之上再产生新的联想，使联想的内容越来越丰富，更具创造性，从而指导设计，创造出个性鲜明、极具创新、创意特色的室内空间。思维的过程比我们描述的要复杂，思维可能从第一个阶段直接跳跃到最后一个阶段，也可能先有了设计构思，再去搜集素材。但设计的思维离不开平时大量的资料收集与梳理。

当然在这个阶段设计师的思维会呈现出"无序性"，大量抛出的想法会让大脑不断衍生出新的创意、融入新的概念，思路的"无序性"是寻找清晰的"设计思路"的前提。大量搜集各项"设计素材"的阶段只是一个"意向灵感"的启发思维阶段。所以要尽可能地获得相关信息，力求做到详尽而全面。前期资料的收集和设计思维的整理会耗费设计师很多的时间和精力，这个过程是设计师在自我想法认知和推翻概念的过程中不断印证的一个烧脑环节。

5）逆向思维

逆向思维是指倒过来想、化被动为主动、化缺点为优点、化腐朽为神奇的一种思维方式。转换性质、偷换概念等也是逆向思维的形式。逆向思维绝不

图1-12
乳胶漆在室内设计中的发散用法：两种颜色重叠（左）

图1-13
乳胶漆在室内设计中的发散用法：色彩喷洒渐变（中）

图1-14
乳胶漆在室内设计中的发散用法：改变雕塑或摆件的颜色（右）

图1-15
以水绿色和粉色线条为主的壁画使人联想到夏日柔和的海浪

图1-16
海洋之美（左）

图1-17
水纹地面铺装、水纹地毯、波浪造型吊饰、蓝色窗帘都来源于对海洋的联想（右）

图1-18
山与桌椅的强制联想设想图（图源：戴璞建筑事务所）（左）

图1-19
山形装置与桌椅的强制联想方案——人在"山"中或坐或趴，"山"为创新形式的桌椅（图源：戴璞建筑事务所）（右）

图1-20
以山与桌椅家具强制联想的空间实践（图源：戴璞建筑事务所）

是沿着原路返回，而是跳跃到一条新的道路上反方向前进，从相反的方向达到同样的目标或达到新的目的，或从相反的方面超越他人。在空间设计中也有许多逆向思维的例子。

例如：如恩设计事务所设计的上海某品牌服装店，位于上海东湖宾馆这座建于1925年的建筑内，这幢建筑经历了多次翻修和改造，墙面斑驳残破，这些历史的痕迹依然清晰可辨。正常情况下，大部分设计师的思路会考虑如何将该空间改造一新，而如恩设计团队反其道而行之，采用逆向思维，保留了残破的墙面，与局部改造一新的墙面形成新与旧的对比，同时也保留了时间在这座建筑上留下的记忆线索，获得了较好的艺术效果（图1-21）。

6）组合思维

把多项不相关的事物通过想象加以连接，从而使其变成彼此不可分割的、新的、整体的一种思考方式。组合思维方式有同类组合、异类组合、重组组合、概念组合、共享与补充代替组合等。

例如：由唯想国际设计的某家庭中心，就是一个将不同功能进行组合的室内空间设计。它将儿童游乐场、餐厅、图书馆等不同功能空间巧妙地结合在一起，实现父母在聚会就餐的同时能够照看正在一旁玩耍的孩子，而孩子在玩耍的过程中还能阅读图书学习知识（图1-22）。

7）多湖辉思维

多湖辉思维是日本学者多湖辉提出的，它是扩散思维的一种，即碰到任何事情，在有了一个答案后还要思考有没有别的可能性。多湖辉的发散思维是富有启发性的。为达到同一个目的，可以有多个解决方案。设计也是一样的，可以有

图 1—23
木条栅分隔空间（左）
图 1—24
色彩分隔空间（右上）
图 1—25
改变地面高差分隔空间（图源：E Studio 壹所设计工作室）（右下）

很多种方法来解决同一个问题。

　　例如：为达到分隔室内空间的目的，可以用墙体、屏风或隔断分隔，也可以通过色彩来划分，还能通过吊顶或地面高差来分隔（图 1–23~ 图 1–25）。

　　利用以上方法，积累了一定量的创意构思之后，需要做的是筛选、综合比较出最优方案。这标志着创意构思阶段的结束。

　　（4）制作空间模型

　　选定 1~3 个空间方案建模并渲染三维效果图、制作三维实体模型或采用其他可供查看体验的直观形式。

　　常见的空间模型表现形式有以下两种：

　　1）手工模型

　　手工制作粗糙简单的原始模型，以便查看和推敲方案（图 1–26~ 图 1–28）。

图 1—26
手工模型制作过程（左）
图 1—27
用牙签和纸快速制作的手工草模（中）
图 1—28
用雪弗板制作的手工模型（右）

2）电子模型

用3D Max、Sketch Up等电脑软件建模并渲染效果图或模拟场景（图1-29）。

（5）测评

本阶段为建筑空间设计思维的最后阶段，为空间使用者测评、业主审验、修改优化创意方案的阶段。其也是一个迭代反复的过程——该阶段或许会产生一个或多个新的问题，仍需再次构思改进、再次测评，循环往复直至基本解决所有问题。

测评的方式有以下几种：

1）对空间使用者问卷调查。

2）对业主汇报方案并获得修改意见。

3）对政策性、功能性、环境性、技术性、美学性、经济性各项指标进行自我测评与用户测评，保留优点、完善缺点。

例如：在虚拟模型空间里，以使用者的角度漫游，检查空间尺度是否正确和合理（图1-30、图1-31）。积极的检查结论会促进方案的确定和实施；消极的检查结论会指明方案进一步优化的方向，以修正得到最佳方案。

5. 建筑空间设计思维的特点

值得注意的是，建筑空间设计思维具有非线性特点。在具体的空间设计实践中，以上设计思维五个环节的内容不一定总是按顺序进行，它们通常并行地发生、迭代地重复。在设计过程中不断发现问题，解决问题。如图1-32所示，

图1-29
用电脑软件建模并渲染出的场景效果图

图1-30
设计师戴着VR眼镜在虚拟模型空间中检查空间尺度（左）

图1-31
以儿童身高为第一人称视角的虚拟模型厨房空间（右）

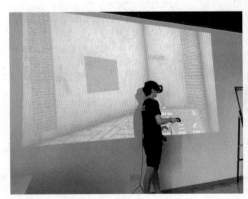

后期测评环节的结论可以反馈到前三个环节，不断用于搜集需求、发现问题和构思解决问题。设计师可以在这个永恒的循环中不断提出新的想法，创造出相对最符合需求的空间方案。

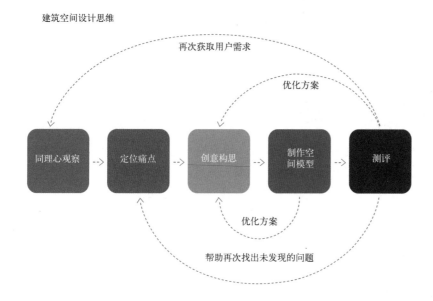

建筑空间设计思维

再次获取用户需求

优化方案

同理心观察 → 定位痛点 → 创意构思 → 制作空间模型 → 测评

优化方案

帮助再次找出未发现的问题

图 1—32
建筑空间设计思维的
非线性特点

1.1.2 建筑空间"设计表达"释义

设计思维的重要特点，即视觉化表达。

背景拓展

早在 1973 年，Robert McKim 的一本书《Experiences in Visual Thinking》就讲了视觉化在设计过程中的重要性。到了 20 世纪八九十年代，斯坦福大学的教授、美国著名设计师、设计教育家 Rolf A. Faste（1943—2003）把 Mckim 的理论带到了斯坦福大学，并一直延续至今天 D.School 所倡导的设计思维中。

建筑空间中"设计表达"，也就是指空间设计思维的视觉化过程。设计师将脑海中的设计想法，运用可视化的视觉语言（图形、符号、文字、模型等）表现出来。视觉语言不仅是设计阶段的呈现，也是设计成果的展示。视觉语言可以快速记录、展示与交流想法，并能通过现有的视觉形象再次刺激大脑中枢，帮助思考、启发灵感，进而产生新的形象思维。

视觉化表达设计思想，便于训练设计师对形象敏锐的观察和感受能力，培养设计师对于形态的分析理解，培养设计师的艺术修养和技巧，获得作为一个设计师应具备的基本素质。所谓的视觉化表达设计思想，主要指借助不同的工具（纸、笔、电脑软件、模型材料等），采用多种表达方式（文字、手绘图样、电脑渲染效果图、视频动画、虚拟场景等），将思维从看不见、摸不着的脑海中拿出来，转译成更直观易懂的图形图样视觉语言，便于自我交流或与他人沟通。

1. 视觉化表达设计思想的优势

视觉化表达设计思想的方法，在建筑空间设计过程中具有诸多优势：

（1）手绘表达能够快速、即时、便捷、经济地展现设计师萌发的想法。

灵感往往来的不可预期，因为一张纸一支笔的易得性，能够快速手绘记录下转瞬即逝的灵感（曾经有位建筑大师为了及时捕捉灵感，在咖啡馆喝咖啡时迅速在纸巾上画下建筑草图）。

（2）模型及空间效果图或空间效果视频的表达能够提高与他人交流的有效性。

由于客户与设计师之间极有可能存在经历、背景、经验的不同，如果只是凭空交谈，很有可能产生理解的误差。但如果能够对着一张具有明确形态的图或模型甚至是一段视频来谈论，那么客户会很容易准确地理解设计师的意图和倾向，并给出反馈。因此，在建筑空间设计领域，视觉化语言是专业沟通的最佳语汇，掌握专业的设计表达显得尤为重要。

2. 建筑空间设计中视觉语言的内容

在建筑空间设计中，视觉语言指各类型的图示（概念草图、分析图、平面图、立面图、剖面图、透视图等）、模型（电脑模型及实体模型等）、多媒体（视频、影像、虚拟现实等）、语言及文字等内容。

3. 对应建筑空间设计思维五大环节的五种视觉表达类型

建筑空间设计思维五大环节分别对应五种视觉表达类型（图1-33）：同理心观察环节主要的视觉表达类型为记录型表达；定位痛点环节主要的视觉表达类型为整理型表达；创意构思环节主要的视觉表达类型为分析型表达；制作空间模型环节主要的视觉表达类型为沟通型表达；测评环节主要的视觉表达类型为展示型表达。

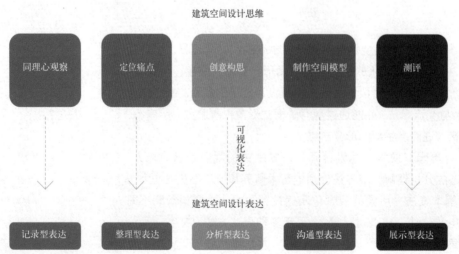

图1-33
建筑空间设计表达五种类型

（1）记录型表达

同理心观察的三个角度：

1）观察——站在用户角度看问题，并手绘图文和影像记录观察到的问题。

例如：某办公空间改造设计项目，在实地考察现场时发现一线江景视野的右侧落地窗被一栋正在施工的高层建筑遮挡（图1-34、图1-35），为了让员工享有视野更好的办公环境，右侧被遮挡视线的空间部分被设计成会议室，而江景视野开阔的左侧则被规划为员工工位。因为开会时没有观景需求，而在工位办公时看电脑时间过长则需要看看远处的江景来缓解疲劳。这样站在空间使用者角度观察问题并提出的解决方案，无疑会获得客户的认可。

2）交谈——做问卷调查，尽可能地了解到用户的真实想法。

例如：在住宅设计中，设计师与客户没有充分沟通，前期想得不全面，后期不停地补充需求，不停

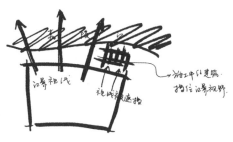

图1-34
站在用户角度，对办公空间改造现场视线的观察记录

开敞办公区

茶水间兼会客室

会议室

工位细节

吊顶细节

图1-35
办公空间改造前实景照片记录

地改设计，浪费很多时间，最后还可能会留有遗憾，同时也有可能增加额外的预算。为了避免这样的状况发生，我们罗列了如下问卷调查内容（表1-1），来尽可能充分地跟业主沟通。

住宅室内设计问卷调查表 表1-1

一、基本装修需求	1. 对新房的大概构想，装修档次是什么？ 2. 家里常住人口、家人性格、喜好、生活习惯是什么？ 3. 喜欢的风格和最喜欢的颜色是什么？（最好提供意向图片） 4. 家庭有宗教信仰吗？ 5. 在装修中是否有禁忌？ 6. 对以前房屋的装修及设计有何遗憾？ 7. 是否需要在某一局部考虑特殊文化氛围？ 8. 有无旧家具或特殊物品的安置？ 9. 养宠物吗？ 10. 这次装修后更换周期大概是多长时间？
二、对玄关装修的思考和建议	1. 是否介意入门能直观全室？ 2. 是否考虑设置衣柜、鞋柜，或只作为装饰区域？ 3. 如果设置鞋柜的话大约有多少双鞋需要安放，需要坐着换鞋吗？ 4. 对玄关地面有无特殊要求？
三、对客厅装修的思考和建议	1. 主要功能是家人休息、看电视、听音乐、读书，还是接待客人？ 2. 是否要与其他空间结合在一起？如厨房、餐厅或书房？ 3. 家中来客人主要是聊天还是聚会？ 4. 是否安装家庭影院设备？音像制品有多少？是否需要特别安置？ 5. 客厅主要是为了展示，还是为了更实用？ 6. 客厅的储物要求大吗？
四、对餐厅装修的思考和建议	1. 使用人数、频率是多少？ 2. 是否是家人或朋友聚会的主要场所？ 3. 是否会在这里做娱乐活动？看电视、打牌等？ 4. 对于色彩与灯光有无特殊要求？ 5. 家中有无藏酒？是否需要配餐柜、酒柜、陈列柜？
五、对厨房装修的思考和建议	1. 格局是什么？是开放式还是封闭式？ 2. 主要用于陈列还是实用？ 3. 你最喜欢哪种口味的菜肴？
六、对卧室装修的思考和建议	1. 你喜欢什么样的床、尺寸多大？ 2. 有多少衣物需要放置、谁的衣物比较多？比例是多少？ 3. 需要梳妆台吗？ 4. 需要大的更衣镜吗？ 5. 需要视听设施吗？ 6. 需要什么特殊的灯光吗？比如阅读灯。
七、对书房装修的思考和建议	1. 同时会有几个人使用？ 2. 有多少藏书？ 3. 有无电脑及其他工作设施？如打印机、扫描仪、传真机。 4. 主要用途是工作，还是阅读、会客？ 5. 喜欢用什么样的姿势去阅读？

八、对儿童房装修的思考和建议	1. 孩子的年龄是多少？ 2. 孩子有什么兴趣、爱好？ 3. 孩子对床有什么要求？介意高架床吗？ 4. 孩子的衣物有多少？孩子的玩具有多少？ 5. 需要写字桌吗？ 6. 有无较大的游戏设备，如投篮框、飞镖盘、吊椅？
九、对卫浴间装修的思考和建议	1. 是否干湿分开？ 2. 储物要求为多少？ 3. 是否在浴室里化妆？
十、关于装修预算的沟通	1. 本次装修是一次性投入还是分阶段投入？分别到哪个阶段？例如只完成硬装（基装＋主材），还是家具、软装、家电一步到位？ 2. 本次装修一共要投入多少钱？在基装、主材、家具、软装、家电部分各预备了多少资金？

3）换位思考——获取用户行为与感受，并做好文字和影像记录。

例如：在做温泉水会项目设计之初，设计师将自身假设成顾客的身份，到同类型水会空间中去实地考察，体验完整流程：从前台接待拿手牌和进场卡，到换鞋存鞋、刷卡进场、更衣区更衣、进入泡池区域泡汤，泡汤期间穿插就餐、儿童娱乐、各种类型的汗蒸、休息区观影等活动，最后回到更衣区沐浴更衣梳妆，最后刷手牌对场内消费进行结账，拿出场卡刷卡出场，凭手牌取鞋离开……这样的换位体验和思考对于后期组织空间功能与交通流线大有帮助，获知用户行为与感受才能做出更恰当的设计。

（2）整理型表达

通过图表、网格等方式（图1-36）罗列出空间的功能需求与审美需求，罗列待解决的问题，明确提出通过设计要达到什么具体目的，用"我们该（如何），为（谁），做（什么），去解决（什么问题）"的句式提出问题。例如：我们该如何为业主在仅有的空间面积中设计出2间卧室、1间书房和1个会客厅。

（3）分析型表达

通过草图分析、图形推导等方式，分析建筑室内空间的各个方面（图1-37~图1-39）。

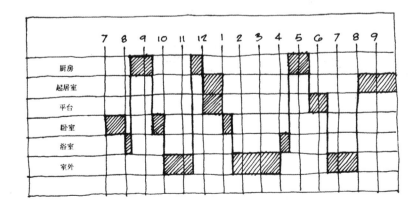

图1-36
住宅功能空间时间利用频率图表

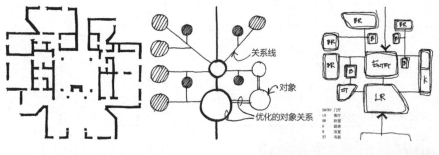

关系线

对象

优化的对象关系

ENTRY 门厅
LR 客厅
BR 卧室
K 厨房
B 浴室
ST 书房

图 1-37
对室内空间的关系分析

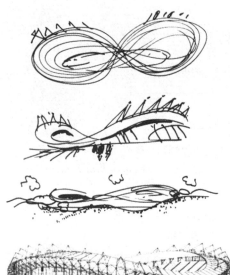

图 1-38
对建筑的造型推导——
悉尼足球场

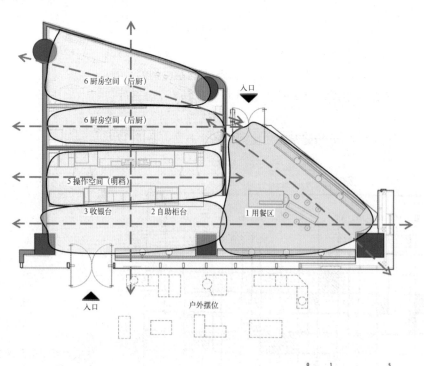

图 1-39
某餐饮空间的功能分
区与轴场关系分析

(4) 沟通型表达

团队成员间的交流、与客户的沟通都依赖于十分直观的手绘草图、效果图，或是草图模型和实体模型。交流与沟通的目的是发现问题，并反思解决的办法。

例如，设计师在跟客户面对面进行前期沟通时会比较注重沟通的即时性，最好能想到哪、说到哪并画到哪，边说边画，口头语言搭配手绘示意图，便于客户理解。由于此类表达的即时性，通常会画得有些潦草。以下用设计师与客户初次当面沟通室内空间的功能及交通流线时的手绘气泡图举例（图1-40、图1-41）。气泡图只是确定大的空间功能划分及位置分布，以及大概的规模比例。这一步骤与客户沟通取得一致之后，再进行深入细致的平面布置和尺寸安排。

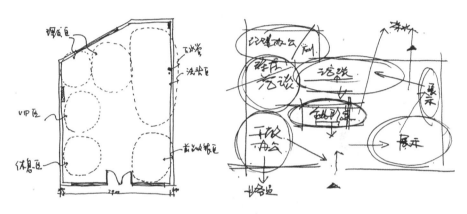

图1-40
某美发店的功能分区气泡图（左）

图1-41
某售楼部的功能分区气泡图（右）

又如，设计师到现场进行施工交底沟通时，偶尔会在图纸上甚至是墙壁上，通过快速手绘的方式来回答施工方对施工工艺具体做法的疑问，通过图来进行沟通达成共识。

再如，设计师将初步方案用草图模型或简易实体模型（图1-42、图1-43）呈现出来，以征求客户意见；或团队成员讨论时也会采用沟通型的视觉表达手法。

图1-42
某服装店整体Sketch Up草图模型（左）

图1-43
简易的概念实体模型（中、右）

以上几种沟通型表达手法均具有较为潦草、不甚精美、不够细节等特征，属于设计过程中的中前期表达方式。

(5) 展示型表达

展示型表达是为了更加直观地呈现设计方案，设计方案包括最终的视觉效果与设计过程。展示型表达的主要形式有：方案文本、PPT 汇报文件展板（图 1-44）、效果图（图 1-45）、VR 虚拟真实沉浸式场景、全景效果图（图 1-46）等。通过查看、沉浸式体验等方式获取空间使用者和设计委托人的意见，并优化改进。

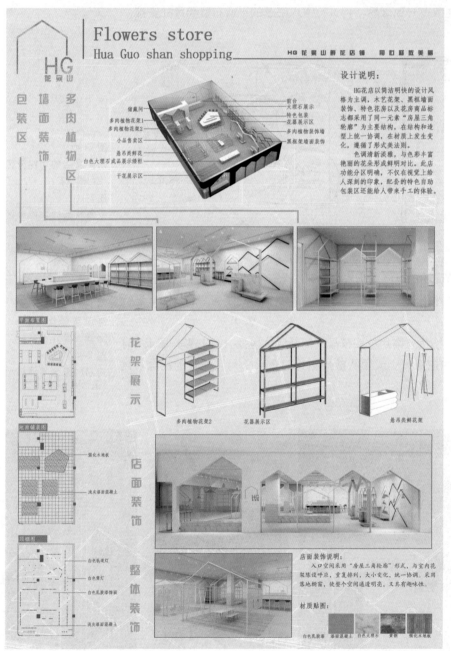

图 1-44
某花店空间设计展板

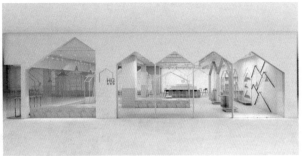

图 1-45
某花店空间设计效果图

图 1-46
样板房的全景效果图

4. 设计表达的发展趋势

随着社会信息化的飞速发展，室内设计的表现手法也产生了巨大的变革：由最初的手绘，到后来的计算机辅助设计电脑效果图及漫游动画，再发展到当前采用计算机虚拟现实技术营造高仿真虚拟环境和实时人机交互的设计表现手法。设计表达的方式逐渐从传统的被动式观看转变为现在的交互式体验，且交互式表达会成为未来表现设计的主要方式。

（1）被动式设计表达

受众只能被动接收信息。例如，空间静态效果图、空间动画视频、实体模型等。被动式表达只能让用户看到设计师想让他们看到的场景和角度，无法主动选择想看的内容。由于客户专业知识的局限，很有可能还会造成双方沟通上的障碍或理解出现偏差。被动式设计表达是过去及当前十分普遍的表达方式。

（2）交互式设计表达

设计师与用户双方，或是用户与空间效果场景之间能够进行互相的交流沟通，以此获得直观展示和评价反馈。随着手机等移动设备上的陀螺仪技术、VR虚拟现实技术、AR增强现实技术、全息投影技术等在建筑空间设计上的应用，如720°全景空间效果图、VR虚拟现实空间体验、AR增强现实空间体验、全息投影空间等新的设计表达方式逐渐涌现，并将在未来流行普及（图1-47）。交互式设计表达能够让用户自主选择观看的空间场景或体验动作，获得沉浸式的环境、身临其境的感受，比如在相对真实的三维空间中任意"行

图 1—47
720°全景空间效果图，
戴上 VR 眼镜可以模拟
沉浸式空间体验

走"，打开冰箱门或拿起水杯，直观感受空间尺度、材料质地、色彩风格、光线明暗程度甚至是音质效果，较为准确地理解设计意图；甚至能够远程集合设计师与用户，在同一个虚拟空间场景里及时汇报方案、沟通、反馈、修改，从而提高工作效率并减少由于考虑不周所造成的设计失误及经济损失。随着新兴技术在空间设计中应用的不断开发，交互式设计表达的成本会逐步降低并变得越来越普及。

1.1.3 建筑空间设计思维与设计表达二者的关系

1. 设计思维是表达的母体

设计表达依托于例如图示、模型、多媒体、文字及语言等多种形式呈现，这些形式均只是一个载体。它们承载的是设计思维要表达的内容。设计表达这一行为本身没有任何意义，只有与设计思维产生关联的时候，表达才有意义。

2. 设计思维与表达相互依存

设计思维与表达两者是相互依存的。就像每一滴水都有源头，每一棵树都有根一样，任何一种设计表达的背后都有它想传递的思想和内容，设计思维就是设计表达的源头和根；如果空有设计思维却不将其表达出来，也就不可能有想法的实现。因此，在设计发展过程中思维与表达始终表现为相互依赖、不可分割的关系。

3. 设计思维的内容与表达形式存在统一关系

设计思维的内容决定了表达形式的选择。这就要求设计师有很强的形象思维能力，对视觉语言具有深刻的理解与感悟，从而达到内容与形式统一。设计在不同阶段的思维内容都需要不同的形式表达出来，见表 1—2。

4. 表达对设计思维具有推动作用

表达不只是思维内容的呈现，它也能对设计思维产生反馈作用。

一幅草图（视觉语言）是设计思维的体现，当人们通过视觉（眼睛）看见这幅草图，视觉神经会刺激大脑产生联想（思维）活动，人们再把联想到的思维内容画下来，这便是创新产生的过程。反复这个过程，可以使设计师的思

	思维特征	表达形式
	设计思维阶段与表达的形式 表1—2	

	思维特征	表达形式
设计筹备阶段	客观认知性的思维活动较多，理性思维为主，具有真实性	速写、拍照、文字图表、录像记录等
概念设计阶段 详细设计阶段	循环往复上升的过程，涉及感性思维、理性思维及灵感思维各层次的精神活动，具有创造性	徒手设计草图、模型、计算机、语言文字等
详细设计阶段 施工图设计阶段	较为理性和系统性，创造性思维相对上一阶段有所减少	图示、模型、计算机、多媒体、语言文字等

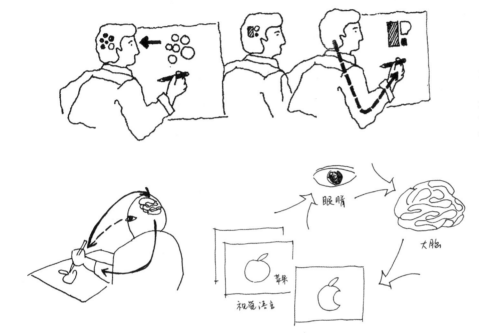

图 1—48
图解思考的过程（图源：[美]保罗拉索《图解思考——建筑表现技法》）

图 1—49
设计表达对设计思维的持续循环反馈进而推动设计进程

维始终处于活跃和开放的状态，思路由不清晰到清晰，构思由不成熟到成熟，直至设计方案完成（图 1-48、图 1-49）。

另一方面，人们（包括设计师本身）审视这幅草图，可以从一个新的较为客观的角度来发现设计的优势与不足，以此优化或改进设计方案。这也是设计思维与表达共同协作所形成的信息交流作用。

1.2 设计思维与表达贯穿设计全过程

1.2.1 设计过程的四大阶段

空间设计是一个创造的过程，可以分为四个阶段：设计准备阶段、概念设计阶段、详细设计阶段、施工图设计阶段。

注：设计过程的四大阶段在本书中指从设计立项开始，包括跟业主方的讨论、审定，但不包括项目施工中的现场跟踪、设计指导、设计变更工作，也不包括图纸的报批与审核工作。

1. 设计准备阶段

设计准备阶段的主要任务是签订合同、搜集项目资料、明确用户功能需求、了解总造价、深度解读委托任务书（如果有）、勘察原始空间现场，并记录状况、搜集考察同类型空间优秀实例，明确项目需创造的室内环境氛围、文化内涵或艺术风格，按要求制订设计进度计划。

2. 概念设计阶段

概念设计阶段的主要任务是将脑海中萌生的想法可视化，形成初步设计方案。将准备阶段搜集到的资料进行分析整理、推敲功能布局及交通流线、设计出合理的平面布置；提出造型、界面装饰、色彩、材质、照明、陈设的初步概念；确定方案最主要的视觉语言：主题、风格、亮点等。

3. 详细设计阶段

详细设计阶段的主要任务是在概念方案的基础上进行具体详细的落实。此阶段应明确所有设计内容，为施工图设计阶段做好充分准备，应具体落实所有平面设计内容，如地面铺装、顶棚布置的造型等；落实所有立面设计内容，如立面造型、界面装饰、色彩、材质、照明等；落实所有节点构造、工艺做法；落实其他相关专业厂商的协调，如暖通、空调、智能化、强弱电、给水排水、厨房设备、消防系统等；落实陈设的摆放位置、款式、数量、采购渠道、供货周期等。

4. 施工图设计阶段

施工图设计阶段的主要任务是将详细设计方案绘制成满足施工的规范化图纸，是为满足现场施工所做的设计表达。施工图的表述深度和图纸数量应以满足施工为准，并包含所有与室内设计相关的专项内容（由专业厂商深化设计）。施工图包括：封面、目录、设计说明、原始空间平面图、拆建墙体图、平面布置图、地面铺装图、顶棚布置图、水电图、插座图、立面图、构造节点大样图、陈设定位图、单体陈设设计图（如果有）、各类图表（材料表、家具表、灯具表、陈设表等）。

总之，空间设计四大阶段在实际过程中并没有明确的划分界线，往往是不断修改和反复的，特别是概念设计阶段和详细设计阶段，也有人将这两个阶段合并为一整个大的方案阶段同时推进。因此，设计过程虽有大致的先后顺序，却不必拘泥孰先孰后，重要的是通过视觉语言不断推动完善这四大阶段的内容。

1.2.2 设计思维与表达在设计过程中的阶段性应用

虽然建筑空间设计属于艺术设计的范畴，但仍然艺术与技术兼而有之，是综合性较强的设计门类，因此设计师必须兼具感性的形象思维能力和理性的逻辑思维能力。从设计表达以视觉语言为主这个特点来看，感性的形象思维在空间设计中占主导作用。

感性的形象思维能够帮助设计师将空间的一个特点转译成视觉形象，形成空间设计的线索或主题；或是由空间的一个特点发散联想，创造出多样的、丰富且新奇的设计方案。但无论设计想法如何新奇,最终都需要运用技术手段予以实现,这就需要借助理性的逻辑思维能力。总的来说,在空间设计中形象思维负责艺术创意,而逻辑思维负责解决现实的技术问题,它们在设计师的脑海中分工合作,因此要求设计师必须随时按需切换思路,养成形象思维和逻辑思维交融的思维习惯。

空间设计全过程中的四大阶段,每个阶段侧重解决的问题不同,因此每个阶段侧重的思维类型和表达方式也有所不同。例如,最初的设计准备阶段侧重客观的记录和资料搜集以及分析梳理,最后的施工图设计阶段侧重施工工艺及技术问题的解决,因此这两个阶段中理性的逻辑思维起主导作用;而中间进程的概念设计阶段和详细设计阶段则侧重创意的产生,在这两个阶段最好能产生尽可能多的设计构思和方案,经过多次对比筛选,获得理想方案的可能性越大,因此这两个阶段是感性的形象思维在起主导作用。

本教材以下篇章以建筑空间设计全过程的四大阶段为线索,串起设计过程中的所有视觉化思考及表现,详细展示建筑空间设计思维与表达分别在四大阶段中的具体应用,期望为学生提供详细的设计参考实例(详细设计内容及步骤的参考、每一环节设计图的示范),为教师提供必要的教学引导(实训任务的安排、任务检验的标准)。

1.3 实训教学向导——《思维实训任务书》

1.3.1 任务内容

1. 角色扮演

尝试以小朋友的视角看待问题,思考幼儿园空间的设计。

2. 头脑风暴

分组就幼儿园某个功能空间设计,多人展开头脑风暴,图文表达出多个设计灵感和想法,最终筛选出 1~2 个最适合的解决办法。

3. 组织课堂方案讲述,教师提问并答疑

1.3.2 测评标准

测评标准见表 1-3。

测评评分表 表1-3

思维表达的清晰程度(20%)	表达方式的多样化(10%)	解决方案的合理性(20%)	创意(40%)	可实施性(10%)
总分:				

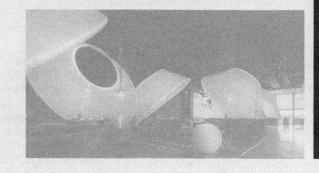

2.1　该环节任务及情境

设计筹备阶段是室内空间设计工作的第一步。好的开始是成功的一半，有时设计筹备阶段工作的全面性、准确性、有效性在很大程度上决定了整个设计成果的优劣。这个阶段是为整个设计工作打基础的阶段。

设计筹备阶段的主要工作可分为以下四个方面：项目认知、项目调研、项目分析、项目"画像"，如图 2-1 所示。

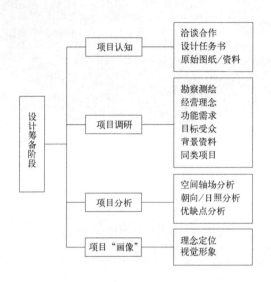

图 2-1
设计筹备阶段主要工作

设计筹备阶段常见的工作流程为：在洽谈初步达成一致之后，需明确设计时限、设计要求，并签订合同；然后开始编制设计进度计划表，考虑各有关工种的配合与协调；同时到现场进行实地踏勘、测量，获取原始空间环境资料（一般来说原有图纸和现场实际测量有所出入，因此必须到现场去核准图纸的尺寸）；最后对空间结构作基本的判别。在现场踏勘时还有一个很重要的环节就是照片和视频记录以及现场的手绘记录，这些无疑将成为后期设计过程中的切实基础，从过往的经验来看，后期设计过程中会多次反复查看并分析这些由现场获得的原始资料，从而让设计逐步踏实推进。实地勘察带回原始空间资料后，对其进行梳理整合，剔除对设计无用的，保留有用的，便于后期需要使用时查找。至此，基于对项目原始空间的了解，再进行意向设计资料搜集，逐步萌生恰当的设计初步概念。

这个阶段工作的意义在于，对项目空间原始环境有个整体的认知，如室内空间的使用性质、功能需求、设计规模（面积）、造价标准、客户倾向等，在脑海里留下初始印象。梳理原始空间环境的优势与劣势，能够让我们在后期的设计过程中扬长避短。

2.1.1 项目认知

1. 设计委托方（甲方）与设计方（乙方）洽谈合作

设计洽谈是每个项目都必须经历的过程，也是每个项目的起始点。通过最开始的沟通，设计师能够了解委托方的需求。有时一个项目会经历很长时间的沟通才会最终签订合同，这个过程中需要设计师有十足的耐心及专业精神，在每次沟通时尽可能用真诚的态度给客户留下好印象。此外，在多次口头沟通过程中，需要善于思考领悟客户提出的要求，千万不可骄傲自负。毕竟客户是最了解自己的项目，也对自己需要的空间思考得最多的人，只有虚心听取客户需求，最后才能拿出一个让客户认可并且恰当的方案。在面对面洽谈合作的过程中，有时会通过快速手绘分析图的方式把最初的想法传递给客户。

设计师在没有助手随行的时候，和客户交流的同时又要记录客户的需求，会有记错或者记漏的可能性，因此可以采用录音笔或手机语音录音的方式先专心和客户交流碰撞，回去之后再整理录音内容。

2. 根据标书要求参加比选或投标

在一些规模较大的项目中，甲方为了筛选较为优秀的设计单位，会举行公开招标。在一些招投标平台上发布招标文件，吸引有意向的设计单位投标，进行方案比选。如果设计方案在比选中胜出，招标文件中的其他要求也都相应满足，那么甲方将会与胜出的设计单位签订合同，达成合作协议。但并不是所有项目都有招标投标或设计比选环节，一般只有大型或较为正式的项目才会有。

某地产公司向社会公开发布精装样板房设计比选文件，邀请潜在设计单位投标，详见二维码1。

1－某地产项目比选文件

3. 解读甲方提供的设计任务书

较为大型或正式的项目，设计师除了通过口头沟通去获取客户需求之外，更多的时候会由甲方提供一份详细的设计任务书来说明需求。设计任务书就像是一份考题，是由甲方的团队自己编制或者委托有能力的公司编制的有关工程项目的具体任务、设计目标、设计原则及技术指标的技术需求文件，以及用于向设计方交代设计任务和工作方向的委托文件，通过招标投标或设计委托的方式交给设计方。

设计任务书主要包含以下六个方面的内容。

（1）项目概况

在项目概况中，会明确项目具体的位置地点，便于设计师根据周边的地理及人文环境进行调研与分析；会明确面积规模及现有基础设计情况，比如原始建筑的情况等。

（2）设计条件

设计条件包括前期策划文件、基础设计文件及必须满足的相关国家设计规范。

（3）工作内容

工作内容包括设计的范围、设计过程中及完成后需提交的设计文件，还包括设计选型、设计交底、施工配合、竣工验收等相关技术服务。

（4）设计要求

设计要求包括设计标准、功能需求、造价控制等。

（5）成果要求

成果要求包括每个设计阶段所应提交的图纸内容、提交形式及数量要求。

（6）进度要求

按设计阶段划分，明确提出每个设计阶段的时间要求。

某地产公司样板间精装修设计任务书详见二维码2。

2- 某地产公司样板间精装修设计任务书

设计任务书是设计师项目操作的指南，项目管理的能力本身也反映了一个职业设计师的水平，他给予客户的是效率和质量的保证。设计任务书内容越具体、要求越详细，设计对接越具有针对性。所以当我们拿到设计任务书时，务必详细解读并将其对设计有直接指导作用的内容摘录、整理出来，同时记录每次和客户对接时了解到的设计任务书之外的诉求。这样才能更准确地完成设计任务，为客户交出一份满意的答卷。

但也并不是所有项目都有设计任务书，通常较为正规和大型的项目才会有。大部分小型的设计，例如家装、小规模工装等更多的是直接以交谈的方式来沟通设计任务。如果没有设计任务书，则需要在每一次会谈时详细记录和梳理客户的需求，事后梳理成文字文件提交给客户签字确认，以此来作为设计的依据。

4. 解读项目原始图纸/资料

设计任务书中的项目概况仅仅是对项目的简短介绍，更重要的是需要向甲方获取并详细解读原始基础图纸及相关背景资料。特别是新建建筑项目，通常在室内空间设计时建筑并未完全修建好，甚至还未开始修建。这种情况下只能通过其原始建筑图纸去获取空间的信息。完整的新建建筑设计至少应包括六个专业的图纸：建筑设计、结构设计、给水排水设计、电气设计、暖通设计、节能及绿色建筑设计。其中，主要影响室内空间设计的为前五个：建筑设计图纸决定空间的平面布置及大致功能划分；结构设计图纸能体现建筑的承重构件梁、柱、板、剪力墙的位置及尺寸，能计算出室内空间使用的净高，承重构件决定了室内设计改造时哪些地方是不能拆除和破坏的；给水排水、电气、暖通设计图纸中外露的管线分布及走向也会影响空间使用的净空和吊顶高度。因此，拿到原始建筑图纸应该进行汇总梳理，将各个专业的图纸在CAD中进行相同位置的重叠查看，行业内俗称"合图"，记录影响室内空间设计的地方（如影响吊顶高度等），形成梳理文件，便于后期设计过程中参考。

在室内空间设计中，也需要考虑延续、匹配原始建筑及景观设计的外观、风格、理念等，因此对于建筑设计的方案文本资料也需要细细解读，说不定其中就蕴藏着二次室内空间设计的灵感和线索。例如，以下住宅大堂的室内设计吊顶造型就是从景观设计方案中的地形获得的灵感（图2-2）。

浅山退台

本项目地形南北方向为三层梯级退台，
据此提炼出首层大堂吊顶的三层标高。

图 2-2
某住宅大堂吊顶退台
造型灵感来源于该项
目景观设计方案中地
形的退台

2.1.2　项目调研

　　设计调研是室内设计前期工作中非常重要的一个环节。设计概念的形成、空间功能的布局、空间形象的塑造等都依赖于前期大量调研资料的整合。在现场调研时，设计师主要的研究工具就是一双善于观察和发现的眼睛。最终罗列出一张调研清单，来帮助我们认识场地。当然，在实际项目中，根据室内设计项目类型和性质的不同，调研的侧重点和内容也会有所差异。

　　1. 实地勘察测绘

　　现场实地勘察测绘包括实地勘察和实地测绘（图2-3、图2-4），也就是对场地现状信息的收集和记录。目的是量体裁衣，根据项目的特点进行针对性设计。

　　实地勘察：记录场地现状条件，如门窗、管道、消火栓位置等；如果是改造项目，还要记录现有装修情况，便于后期为了节省成本酌情考虑局部保留原有装修；除此之外，设计师还应记录在空间中身临其境的感性认识，如空间的尺度感、通风采光、日照朝向、噪声、室内看向室外的重要视野和景观等。

图 2-3
设计师在现场测绘

实地测绘：测绘场地现状平面尺寸及竖向尺寸（标高）。根据甲方提供的土建图纸，对室内空间的长宽、轴距、柱宽、梁高、层高、门窗以及相关设备（燃气管、风管、空调机房、配电房的位置）等进行详细的测量和记录，并标注出与土建图纸有出入的地方。同时拍摄空间的现状照片和影像，为下一步设计提供系统、完整、可靠的数据资料。

换句话说，实地勘察测绘就是场地信息和数据的原始采集。只有充分掌握这些空间特性，后期才有可能分析设计出适合该场地的室内空间设计方案。

（1）勘察的工具、内容及方法

1）勘察工具

勘察工具包括善于观察和发现的眼睛、相机（或是带照相功能的手机）、录音笔（或是手机录音功能）、指南针（图2-5）、记录本等。

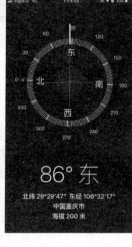

图2-4
设计师在搬空的大楼中咨询水电工了解场地现状（左）
图2-5
手机上的指南针（右）

2）勘察内容

①场地现状条件：承重结构，如梁、柱；门窗、管道、消火栓位置；

②现有装修情况；

③空间的尺度感；

④通风采光；

⑤日照朝向；

⑥噪声；

⑦重要视野和景观；

⑧场地周边的建筑环境、建筑类型、建筑风格；

⑨其他。

3）勘察方法

勘察方法有拍照记录、录音记录、手绘草图＋文字记录等。

设计师可以通过录音记录在现场对空间的感受，包含简单的梁柱解读、现场的光照感受等，以便未来设计时回忆更加细节的空间感受。

（2）测绘的工具、内容及方法

1）测绘工具

测绘工具包括卷尺（图 2-6）、红外线测量仪（图 2-7）、记录本、彩色笔等。

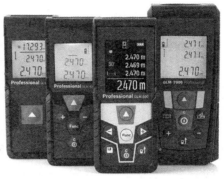

图 2-6
卷尺（常用 5m）（左）
图 2-7
红外线测量仪（右）

2）测绘内容

①空间平面尺寸（长宽、轴距、柱宽、门窗等）；

②空间竖向尺寸（标高：梁板底标高、门窗的自身高度、窗离地高度等）；

③设备定位尺寸（燃气管、风管、空调、机房、配电房等）。

3）测绘方法

在打印出来的原始平面图纸上记录测量出来的数据。如果没有原始图纸，先手绘原始空间平面。

（3）勘察测绘的作用

现场拍照、影像记录、尺寸测绘这个环节主要是辅助设计师还原现场，有的时候虽然设计师拿到了甲方给的原始平面图，也会到现场去熟悉了解户型，同时还会绘制一些现场记录手稿。人的记忆力是有限的，只有做到精确还原现场才能快速进入设计阶段。设计师对现场越了解，在设计的时候就更有尺度感和空间感，这个环节的工作就是为后期设计时电脑辅助软件 CAD 和 Sketch Up 建模打基础。在现场照片、影像记录、尺寸测绘的帮助下，把有些我们在看现场时遗漏的部分补充完整，从而能更直观地看清楚结构和管线，同时拆建墙的表示也会更加直观。

当然对于现场勘察测绘、照片和影像记录，如果是远程设计，在设计师无法亲自到场的情况下，也可由其他人代替设计师去完成这项工作。在通信技术发达的今天，除了实时会议看现场、网络传输影像资料等，还会有很多方法帮助我们了解项目和熟悉设计场地。

2. 经营理念调研

设计师需要立足于项目的经营定位、市场目标来确定设计的主题方向，将设计理念与经营策划交织在一起思考。例如酒店空间设计，针对投资者方面，需要考虑投资回报率，对空间设计装修的成本会提出控制要求，若成本过高，回收周期长，不利于投资者产生收益；针对市场方面，需要把握消费者的偏好，为住客创造他们希望体验的文化和主题。只有充分考虑项目的经营理念、定位、规模、档次、受众等问题，才能设计出让客户满意、让市场接受的空间作品。

3. 功能需求调研

功能需求调研包括对室内空间所需要的功能内容、面积大小以及各功能组团之间的衔接的调研。如办公空间设计需要接待区、展示区、经理室、主管室、业务部、资料室、档案室、库房、卫生间、员工餐厅等功能设置，各功能区需要的面积指标，各功能区之间的位置设置均需要考虑。通常功能需求在设计任务书中能找到。在这一阶段，需要设计师对功能进行梳理，同时多与客户进行交流，聆听他们对空间功能的意见和建议。

4. 目标群体调研

目标群体调研包括对目标群体的年龄特征、层次、需求、爱好、习惯等的调研。如住宅空间设计中对家庭成员的组成、年龄、生活方式等的调研。

5. 背景资料调研

背景资料调研包括对影响该项目设计的地域文化、风土人情、生活方式的调研，特别是应记录场地周边的环境，如建筑环境、建筑类型、建筑风格、场地周边的道路交通、自然环境、人文环境等。

例如：重庆十八梯的火柴坊修复设计项目，一栋废弃破旧的小楼是当时中国火柴原料厂总公司的大楼，亦是那时全国唯一生产火柴原料的工厂。旁边还有厚慈街 95 号、法国领事馆等老建筑。火柴坊是近代民族资本发展史中同业合并的代表和重庆近代工业发展的历史见证。它还见证了 20 世纪 50 年代中国报业的发展。由于有这样特殊的建筑背景，空间设计的重点就是要保护地域原生的建筑文化、特色以及敬重历史人文，因此设计师实地勘察时必须充分记录原有建筑空间及周边环境的方方面面，围绕尊重历史、面向未来、包容和保护的主题基调去开展设计。该项目确实也秉承这样的态度，耗费了大量的时间、精力与成本，原址原貌复建了火柴坊，将重庆十八梯的历史、建筑、故事交织在一起。

6. 同类项目调研

对同类型项目的商业规划、空间设计风格、创意亮点、功能划分、造型装饰、色彩、照明、材质、陈设进行案例搜集和实地调研，找到案例成败的借鉴经验。

2.1.3 项目分析

在上一个任务环节，采集到的项目调研资料信息往往是零散而繁杂的，并非每个信息都可用于设计中。项目分析环节的任务就是需要设计师对调研采集到的信息进行分类整合，由此找到设计的创意点和项目方案的发展方向。

因此，项目调研之后紧跟的就是项目分析环节。项目分析环节的任务是基于以上六个方面的调研成果进行汇总、分类、整合，同时进行分析评估，获得指导设计方案、影响设计方案的结论。换个角度说，就是设计方案需要去思考如何回应这些调研得来的先决条件、如何解决调研时发现的问题。例如，调研中观察到空间中有离地高度较低的梁和管道，方案要如何设计吊顶的造型及高度才能隐蔽现有的梁和管道？又如，调研时了解到空间原始平面呈现异形不规则的形状，方案应如何进行平面布局，才能利用好异形带来的多处畸零空间？再如，调研时发现项目自身或周边有鲜明的地域特色，方案要如何改造既能保留其地域特色，又能有所创新？

根据上个环节项目调研获得的大量原始资料，在该环节可进行以下分析（包含但不限于）。

1. 原始空间轴场关系分析

根据实地勘测调研，分析空间的轴线方向及轴线关系。轴线方向能体现空间是否方正、横平竖直，或是倾斜异形，或是弧线形；轴线关系能体现空间的围合、并置、主次、介入、呼应、对称、夹持等不同的类型。

2. 空间优劣势分析

根据实地勘察测绘调研，分析场地的优劣情况，找出要解决的问题，并在后期的方案设计阶段重点考虑，扬长避短。

3. 采光／日照分析

根据对空间日照情况的调研，合理划分功能布局。如将需要自然光源的功能空间放到光线较好的位置，而如影音室、资料室、库房等空间则可以放到自然光源较弱或没有自然光源的位置。

4. 功能分析

根据功能需求调研，确定必需的核心功能及非必需的边缘功能。便于在后期的平面功能布局环节，以使用者所需的核心空间功能展开设计思考。

2.1.4 项目"画像"

项目"画像"是设计筹备阶段的最后一个工作环节。经历项目调研与分析环节之后，脑海中或许已有些星星点点的设计想法，这个时候需要用视觉要素（图片、照片、文字等）把想法表达出来展示给客户或同事；也或许没有太多想法，这时更需要通过解读其他优秀案例来刺激头脑中更多新想法的萌生。因此，项目"画像"环节的主要工作任务就在于：第一，搜集意向案例或图片，表达初步想法；第二，解读优秀案例，刺激概念萌生。

搜集的案例及意向图片需要达到一定的质和量，正如一句名言所说："我之所以能够站得这么高，是因为我站在巨人的肩膀上。"大量的挖掘、搜集、整理、解读同类优秀案例，是真正开始动手做设计之前的学习过程，对于经验阅历还不够丰富的学生，更是必不可少的环节。

在设计筹备阶段的末尾，需要跟客户（业主、甲方）进行一次会谈。应将阶段性成果（包括前面的项目认知、调研、分析结论、搜集的意向案例）以视觉要素的形式（意向图片、照片、文字、表格等）为客户呈现出来。相对于口头讲解来说，视觉要素表达的阶段性成果更便于客户（非设计专业人士）直观地理解设计师的初步想法，了解该项目设计展开的方向。就像画师为某人"画像"一般，设计师通过筛选出的意向图能让空间设计的面貌逐渐浮现。其实在整个建筑空间设计过程中，有很大一部分工作是在做空间的视觉形象设计，也就是空间最终呈现出来的样子、面貌，这也是客户最关心的部分。这样做还有一层重要意义，就是"试错"——有些客户无法明确地提出设计要求和设计方向，设计师只能通过意向图试探客户的喜好。客户看了意向图可能会认同图片所呈现的初步想法及设计方向，也可能不认同或不喜欢。如果是后者，那设计师必须重新挑选意向图片和案例，再次与客户确认设计方向，直到客户认同为止。

项目"画像"的最终目的是定位设计理念和空间形象。当客户认可项目"画像"传达的空间设计理念（概念、线索）及空间形象（色彩、造型、材质）之后，设计理念及空间形象得以大致确定，接下来设计师就可以循着这样的方向继续往下深入设计。

1. 资料搜集的途径

好的设计概念不会从真空中产生，它是通过搜集众多人的想法和贡献，融合成新颖的概念。设计师应该充分搜集前人的优秀设计案例，学习、利用他们生成设计概念的方法。只有在大脑中存储更多的这类信息，才能够期待有所创新。

在当前互联网时代环境下，我们可以更加快速地接受新的知识和新的想法，搜集设计资源的途径被大大扩展，比如各类设计网站、微信公众号及设计类 APP。此外，还可以在网络上观看设计大师们的专题演讲或人物访谈。网络是时效性很强的传播媒介，通过网络搜集设计资料能够最快速地查找到当下前沿的设计理念和设计概念，设计平台也会每日更新设计案例。不过网络上信息量太大，设计师要能够目的明确、删繁去简、去伪存真，获取有价值、有意义的内容，用来促进自身项目的发展。

当然还有一些传统的资料搜集途径，比如查阅相关设计类书籍、文献、规范、期刊等，或是去博物馆、美术馆观看带有美感的展览，那样会更加直观地理解美感的真实含义，并有效快速提升自身的审美水平。设计师可根据实际选择资料搜集的途径。

作为设计师，除了实施设计前需要花大量时间在网络上查找国内外优秀的同类型案例之外，可能还需要外出考察优秀的空间案例，对优秀案例的空间设计进行深入体验和现场查看，触摸材料和感受实际运用效果，看看是否有新技术、新材料、新理念可以运用到现有的项目中。

2. 资料搜集的方法

平日累积式搜集：对于资料的收集并不是要在做某个项目的时候才开始，而是平时就要有这样的收集意识，并不是针对某个项目的收集，而是大量全面地收集和设计相关的资料和内容。设计师平时就需要关注设计行业的动态，关注新材料和设计前沿，可能还要关注和设计相关的科技等。

留心观察生活日常：成为空间设计师需要训练观察生活的能力，思考生活的各个细节，因为空间设计的本质其实是在设计人的行为和生活方式。生活环境中的不顺手、不舒适、不安全、不高效都是设计的出发点，如果能找出并解决这些日常生活环境中的问题，去发现那些未被别人发现的事物、事件，哪怕是极小的、不起眼的，都有可能成为未来设计的元素和考虑的核心，让空间设计水平提升到一个新的高度。

留心观察自然界：并不是去考察或去美术馆时才会接触设计艺术的信息，很多优秀的空间设计作品的灵感往往都来自大自然。有人曾说"大自然是艺术创作的灵感宝盒"。大自然是我们获取灵感的第一手资料来源，当我们还是孩童时，认知世界、了解世界就是从接触周围环境开始的。大自然中的元素色彩能成为设计中的助推器，还能提供很多新的想法和创意。例如各种生物的奇特造型或排列方式、动植物身上梦幻般的色彩，都能给人带来冲击的美感。作为设计师，可以有意模拟、重组自然界中的造型、色彩元素，将其转译成空间中的视觉语言（图2-8、图2-9）。

图2-8
由观察贝壳产生的与空间设计相关的联想

图2-9
以贝壳为灵感设计的餐饮空间（图源：WUJE无界设计）

从大自然收集来的元素大多可以作为设计的灵感，运用元素的重新排列组合，运用对形象特点的夸张夸大，或是运用省略法省略无关紧要的细节，保留主要部分，使其形象更概括、更加浓缩和精炼。

3. 资料搜集的内容

作为空间设计师要了解的内容相当多，平日积累的过程很重要，例如建筑设计（空间格局、自然光照、通风等）、软装设计（包含家具设计、灯具设计、产品设计等）、服装设计（服装设计能让设计师对流行色或者流行的织物布料工艺有一定的了解，这样就能及时把控好软装窗帘、床品、地毯、桌布、抱枕等的配色以及流行趋势）、陶瓷设计（室内空间的艺术品陈设）、平面设计（墙面材质拼贴、空间构成美感以及配合的 logo 设计、VI 设计等）、纯艺术（包含油画、国画、水彩、版画等对于室内挂画的配合）雕塑设计、灯光设计、花艺设计、装置艺术设计、奢侈品设计等，这都有利于设计师更加全面地认识设计。空间艺术设计和其他艺术设计都是相通的，需要大量的学习，大量地收集各种新奇的、美观的、创新的、能触动灵魂的元素和图片，为每一个未来的项目做好全面的准备。

4. 资料的梳理整合

在资料搜集过程中，需要持续保持清醒，不断地区分哪些资料是对推动设计有用的，哪些是无用的，把无用的剔除掉，仅保留下有用的资料；再将有用的资料条理清晰地梳理出来，套进设计理念的逻辑中去，将凌乱无序变为有序可循。这个过程是设计师不断地在众多思维创意点上剥离不需要的部分，留下精髓部分形成清晰的设计脉络来指引设计师推进设计。

2.2 表达的具体形式及案例

2.2.1 项目认知表达

1. 洽谈手绘

设计初期与客户的首次或多次当面洽谈合作中，免不了会谈到些许关于设计最初的想法及实施的效果，或许是客户自己的想法，或许是设计师的初步想法。要让对方明白意图，最快速直观的方式就是设计师在洽谈过程中进行即时的图文手绘。

洽谈合作的过程中，客户会将自己的一些关于风格以及定位的想法，包括远期的打算、功能的大致分配等在有限的时间里与设计师进行探讨，在探讨的过程中设计师就可以把自己的想法简单快速地表达到平面图纸中，让客户能够通过这样的方式来理解设计师的想法（图 2-10）。

在与甲方的洽谈沟通中，由于时间有限，不能电脑建模、绘制后再交流，这时候手绘快速表达的优点就突显出来了。这样当场就能确定一些构思，快捷方便。

这里的洽谈手绘并不是很复杂的手绘形式，客户也没有那么多时间去等候慢慢推敲和绘制完整完美的图形，所以不用马克笔或者彩铅，只需随手拿起

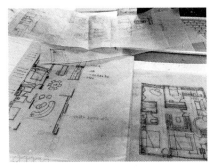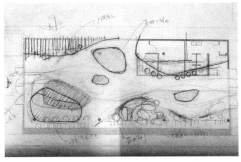

图 2-10
与客户沟通想法过程中快速绘制的平面布置草图

签字笔、铅笔或者钢笔绘制，图面可能是很简单的平面或者三维透视，寥寥几笔就可带过。但客户对手绘稿的理解是有限的，他们无法通过观看手绘稿而想象推演出最终的效果，因此洽谈环节的手绘更多的是记录客户的想法、简单的设计感觉和短暂迸发出来的创意。不要小看这寥寥几笔的快速表达过程，设计师对于图形的理解要比文字来得更快，这是记录客户需求的重要一步，同时也是设计的敲门砖、灵感的来源。作为设计师有时在看平面图或者在看现场的时候，想法就已经产生，所以需要及时记录下来，以免灵感转瞬即逝。手绘的快速表达是整个设计的初始骨架，具有不确定性和多种可能性，这种原始的力量牵引着整个设计的开始。

2. 制订进度计划

根据设计任务书的进度节点要求（如有），或是根据客户的口头要求，编制详细的进度计划表（图 2-11、图 2-12）。可以从截止提交的日期倒推回来，按阶段或按工作内容估算需要耗费的时间。在编制计划时，预留的时间应尽量充足一些，避免卡得太紧导致遇到特殊情况无法按时完成工作任务。

项目进程	所需时间					
	1 周	2 周	3 周	4 周	5 周	6 周
设计筹备阶段	▨					
概念设计阶段		▨				
详细设计阶段			▨			
施工图设计阶段				▨		

图 2-11
某项目按设计阶段编制的进度计划

3 天	15 天	15 天	10 天	施工配合
设计概念提案				
	设计方案（效果图＋模型）			
		施工图		
			照明系统	
			物料系统	
			软装设计	
			导视系统	
				施工配合
				摄影验收

图 2-12
某项目按工作内容编制的进度计划

3.解读项目原始图纸／资料

甲方提供的原始图纸中有许多重要信息，设计师在了解完所有的现场图纸后，对整个空间已经有基本的概念。设计师在解读消化的过程中，首先需要了解具体的设计范围（也就是设计红线）和主入口的位置，接着再查看、标注和记录以下对设计有影响的信息数据。

（1）原始结构

在结构专业的图纸里可以找到信息（图 2-13、图 2-14，高清大图扫描二维码3查看），如层高、大小梁位置尺寸（可用不同色彩标注梁位平面图、梁的截面尺寸）、楼板厚度、结构类型、承重构件柱、梁、剪力墙。

（2）垂直构件

在建筑专业的图纸中可以找到，如楼梯、升降电梯、风井、管井、烟道等（图 2-15，高清大图扫描二维码4查看）。

（3）消防设施

在建筑专业图纸中可以找到消火栓、消防门、消防前室、消防楼梯、防火分区、防火等级、防排烟井等信息（图 2-16、图 2-17），在电气专业图纸中的弱电图纸中可以找到如警铃、烟感、温感等信息（图 2-18）。图 2-16~ 图 2-18 高清大图扫描二维码5查看。

消防设施的设计图纸必须由具备消防设计资质的单位来绘制，并由专业审图机构进行审图。因此在做设计时，如无必要，最好尊重建筑的消防设施设计，不做改动。

3- 图 2-13、图 2-14 高清大图

4- 图 2-15 高清大图

5- 图 2-16~ 图 2-18 高清大图

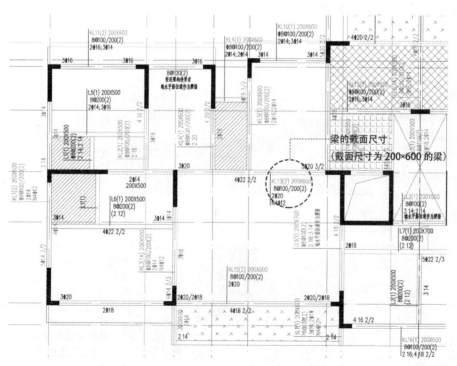

图 2-13
某住宅梁位平面图

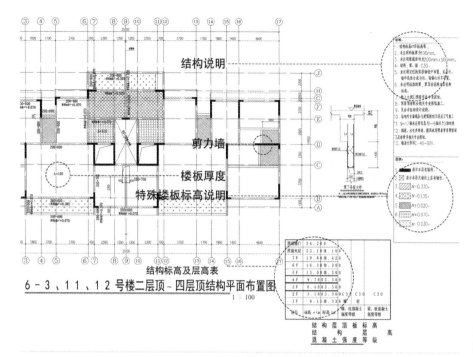

图 2—14
某住宅结构平面图

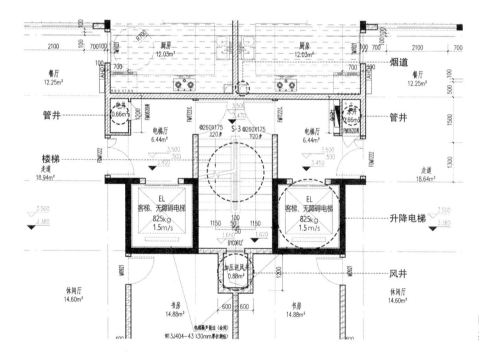

图 2—15
某住宅楼公区平面图

（4）水电暖通设施

在给水排水图和电气图中可以找到给水排水管道（包含消防喷淋管道，图 2-19、图 2-20）、强电弱电桥架（图 2-21）、暖通风管（图 2-22）、其他机

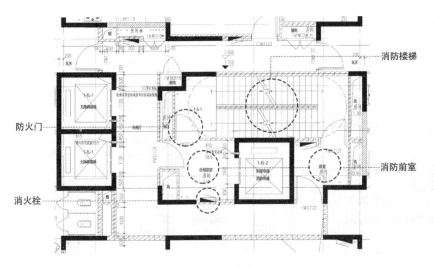

防火楼梯

防火门

消火栓

消防前室

图 2-16
某住宅楼消防平面图

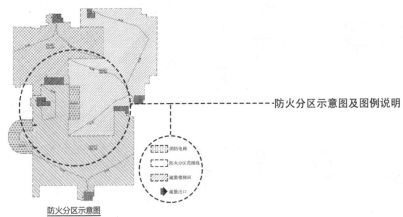

防火分区示意图及图例说明

防火分区示意图

图 2-17
某住宅楼车库防火分区
示意图

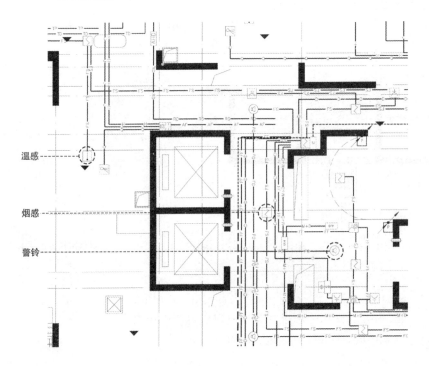

温感

烟感

警铃

图 2-18
某住宅楼大堂电气平
面图

电设备的具体情况、平面位置分布及尺寸。图 2-19~ 图 2-22 高清大图扫描二
维码 6 查看。

6- 图 2-19~ 图 2-22
高清大图

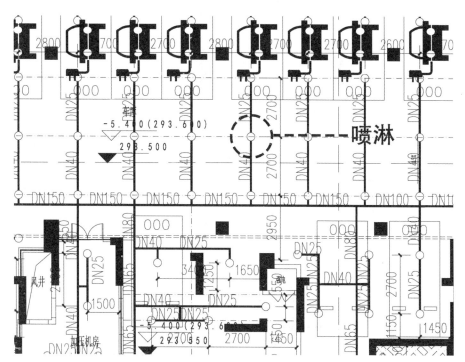

图 2-19
某住宅楼车库喷淋平
面图

给水排水管道的
布置、尺寸及安装方式

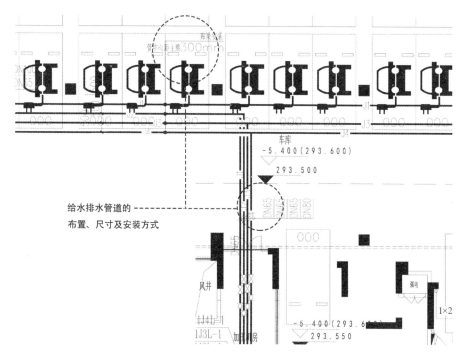

图 2-20
某住宅楼车库给水排
水平面图

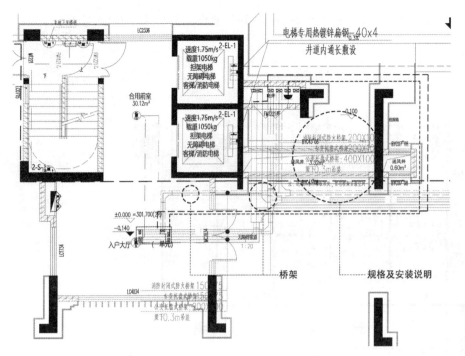

图 2-21
某住宅楼大堂电气平面图

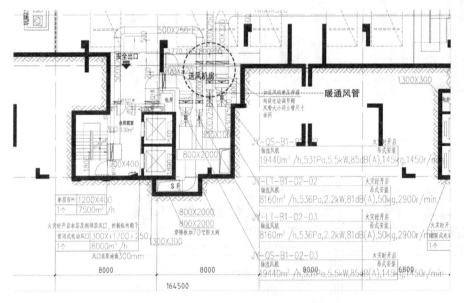

图 2-22
某住宅楼车库暖通平面图

2.2.2　项目调研及分析表达

　　项目调研的目的是掌控当前所呈现出来的一系列客观要素，使后期的设计具有最基本的依据。具体来说是运用图解分析的方式，对基地以及产生影响的周边环境进行客观描述。在这些描述中可以借助图像、图表的方式对场地现状进行具体的认知与分析，帮助设计师了解客观事实，其中包括地理区位描述、周边关系描述、具体平面描述以及空间形态描述。总结出相应的为后续设计服务的现场第一手资料，并归纳出场地空间的优势、劣势，为后续的设计做好铺垫工作。

1. 实地勘察测绘

(1) 实地勘察

例如：某住宅原始现场勘察，可用相机拍照详细记录现场情况，特别是梁、给水排水管道、烟道、门窗、强弱电箱、地漏、燃气表等位置，便于后期设计过程中的及时查阅。外立面的门窗与外墙情况也需要勘察记录，因为如果设计需要将生活阳台包封并入厨房，生活阳台的玻璃栏板就需要拆掉再砌矮墙加铝合金窗包封，砌的矮墙外侧需要同建筑外立面材质（外墙漆）一致；再如厨房如果想增加空调，则需要观察外立面何处能够摆放空调外机，诸如此类的设计都得通过详细勘察外立面来实现。因此，原始现场的勘察里里外外最好详细周全，尽量减少和避免二次勘察。

图 2-23
某住宅客厅原始现场勘察照片，用手机拍照和文字记录下有色隐私玻璃带来的采光问题

例如：某住宅现场勘察，发现客厅的采光有问题，原因是开发商在阳台滑门采用的是有色隐私玻璃（图 2-23）。因此，在做空间规划的时候，设计师十分肯定地给出了封阳台的设计方案，拆除带有隐私玻璃的滑门，拆除非承重墙体，尽量打开客厅的采光面，去消解原有户型的缺陷。这种类似的问题在原始图纸上通常不容易被发现，只有到现场实地勘察才能察觉，因此实地勘察是正式进入方案设计之前，设计准备阶段必不可少的重要环节。不用局限于工具和方式，及时在勘察现场通过拍照与文字记录下空间的实际情况，这特别重要。

(2) 实地测绘

实地测绘需带上测绘工具，包括卷尺、红外线测量仪、测绘本或原始平面图纸、彩色笔等。实地测绘分为两种情况：一种是没有原始图纸，需要实地测绘；另一种是提前拿到了原始图纸，且打印好带到现场，只需测量记录尺寸数据。

1) 没有原始平面图纸的情况

步骤一：到了现场先绘制整个空间的平面图，可从入户门开始画起，需要注意应先在测绘本上规划好平面图的位置和大小，否则可能会出现画大、画歪、画不下的情况。画的过程中还需注意比例与对位关系，尽量与实际空间的比例关系一致（图 2-24、图 2-25）。此外还有一个小技巧，不管是在入户门位置面对阳台绘制平面图，或是转而面对卫生间绘制，都需要记得将测绘本旋转调整至与测绘者面对的方向一致。

步骤二：画完原始平面图之后，再从入户门顺时针或逆时针开始测量。距离长的用红外线测量仪测量，距离短的可用卷尺测量。最好是两个人配合，一个测量平面距离和竖向标高并报数值，另一个则在刚绘制好的原始平面图上进行尺寸标注记录。平面距离的测量和竖向标高的测量可以分开进行，这样不容易遗漏。即先把整个空间的平面尺寸测量完成后，再从入口开始测量全屋板底标高、梁底标高、门洞高度、窗离地高度、窗自身高度、楼梯标高等竖向尺寸。需要注意的是，在清水空间中测量出来的标高是没有计算地面铺地砖或地

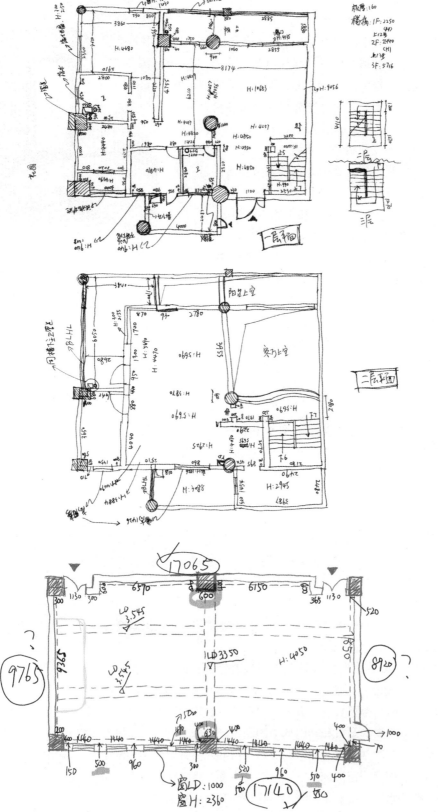

图 2-24

某跃层住宅的现场测绘图

图 2-25

教室测绘图

板的完成面厚度的，因此后面在绘制施工图的时候需要记得将测量的标高减去50mm 的完成面厚度。

2）有原始平面图纸的情况

在有原始平面图纸的情况下可以省略测绘步骤一，直接开始进行步骤二：先测量记录平面尺寸，包括顶面主次梁的位置尺寸、承重结构（梁、柱、剪力墙）、楼梯等；后测量记录竖向数据，包括层高、楼板厚度、板底净高、窗高等（图 2–26、图 2–27）。

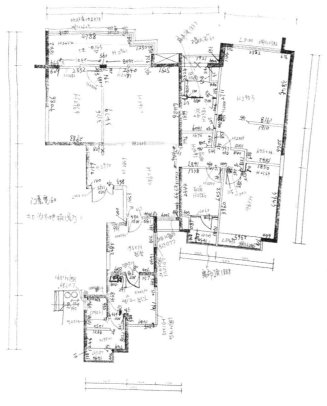

图 2–26
某住宅户型图现场测量复尺一

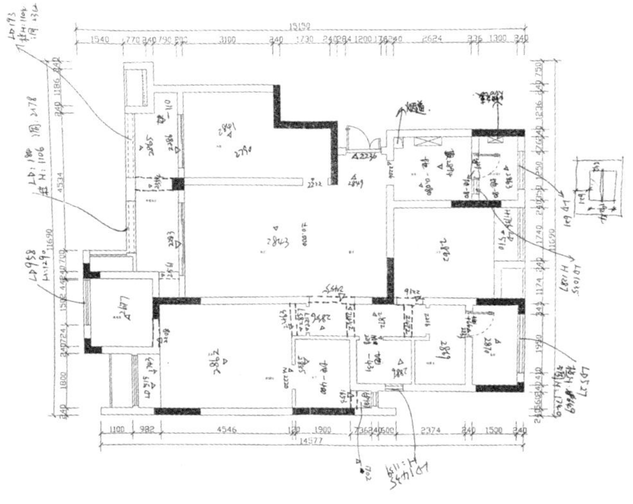

图 2–27
某住宅户型图现场测量复尺二

可能大家会有疑问：为什么有原始图纸、有尺寸了，还要再次进行现场测量？因为现场的尺寸和情况与图纸多少会有出入，而且原始平面图上无法勘察到原始顶棚的情况和空间中的各个竖向尺寸，更无法从图纸上观察到通风、采光等问题。因此，在有原始平面图纸的情况下，再进行现场复尺是很有必要的。

（3）整理勘察测绘资料

整理的第一步就是复检图纸上的尺寸与现场测量的尺寸是否一致，如果不一致，设计师需要以现场测量的实际尺寸为主要依据，修改有误的尺寸，为后面的设计做好准备。

整理的第二步就是确认层高问题，复检原始图纸中大小梁的位置和尺寸与现场梁结构的是否相符，最低的梁到地面的距离是多少，这一步的整理有利于设计师对空间原始层高的把控。当然除了尺寸的确定以外，还有管线位置的确定，现场有很多管线可能在原始图纸上没有标明或者画出来，也会有原有建筑的管线位置比较低的情况，这样就需要确定管线离地高度，这个部分也会影响层高。

第三步就是通过整理了解上下排水点位，给水排水非常重要，如果排水点位不够，后期设计的时候会增加排水点，或者考虑同层排水的问题。增加排水点位的时候也要考虑排水的坡度和排水的路径，路径越长就会造成堵塞问题频发，这样在设计的时候就需要增加排水检修的位置。

第四步在整理的过程中设计师还可以通过图纸了解楼板厚度以及现场的结构类型、剪力墙，还包括垂直构件，如楼梯、消火栓、消防门、消防前室、防排烟井、烟感、温感、喷淋，电气、暖通设施、机电设备及其他技术设施的具体情况及平面位置分布。

待上面的现场勘察资料整理完成后，其实对现场条件就有个大概的印象了。

（4）原始平面轴场分析

当设计师离开勘察现场，回到电脑前面，可以把勘察得到的信息进行整理分析，为指导后面的设计做好准备。有了勘察测绘的尺寸，就可以对空间的原始平面进行轴场分析。

轴场是指空间的轴线与气场。设计师可以对原始空间进行轴场关系的建立，通过分析就能得出空间的轴线方向，即空间的走向，继而产生各种轴场的变化方式。具体做法是：在每个空间区域的中心位置，建立带有箭头的轴线穿过的空间，主入口也需要用一根轴线穿过；并用泡泡大致画出空间的形状，即空间的区域气场（图 2-28）。为什么图 2-28 的浅灰区域要单独画出来呢？仔细观察会发现，浅灰区域右侧中间多了一根柱子，与上下两根柱子相连形成界限，因此浅灰区域被单独划分出来，而深灰区域中间没有任何柱子，是一大块完整的区域。

图 2-29 是一个异形斜向的原始空间。一根轴线从主入口中心穿过，另一根轴线与其垂直，第三根轴线顺应空间带斜度的轮廓墙面与其平行；区域轴场

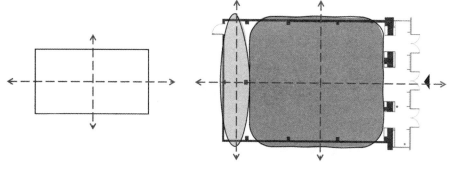

图 2-28
建立空间轴场关系

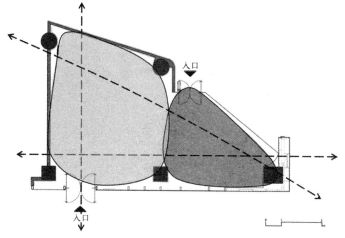

图 2-29
空间的轴线方向体现
了空间的方向

划分为浅灰区域和深灰区域。浅灰区域是由上方两根圆形柱子和一小段竖向墙体与下方两根方形柱子围合而成的梯形区域；深灰区域是由另一个入口与两根方形柱子围合而成的三角形区域。轴线体现了空间的方向，而轴场提示了区域的划分，这对后期的功能布置有很大作用。

从以下两个茶饮店平面方案（图 2-30~ 图 2-33）可以看出，初期的原始空间轴场关系分析对最终平面功能布置起指导作用。其优化平面布置基本都是在顺应、遵循、尊重原始空间轴场关系的基础上来深入细化的。

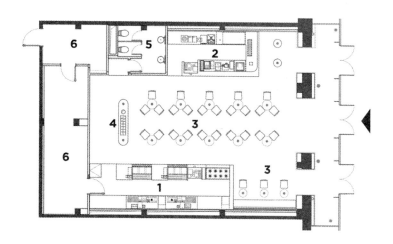

图 2-30
某茶饮店优化平面布
置一

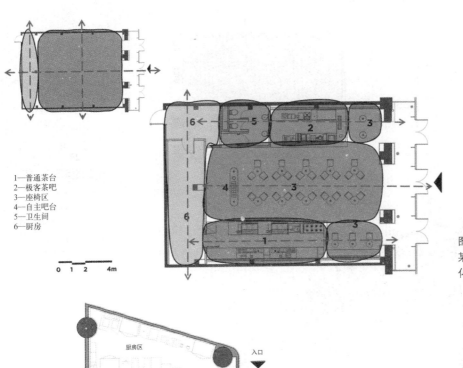

1—普通茶台
2—极客茶吧
3—座椅区
4—自主吧台
5—卫生间
6—厨房

0 1 2   4m

图 2—31
某茶饮店轴场关系与优
化平面的对应关系

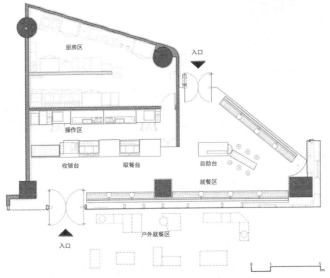

厨房区

入口

操作区

收银台   取餐台

自助台

就餐区

户外就餐区

入口

图 2—32
某茶饮店优化平面布置

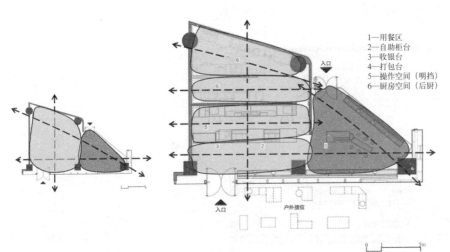

入口

1—用餐区
2—自助柜台
3—收银台
4—打包台
5—操作空间（明挡）
6—厨房空间（后厨）

入口   户外座位

图 2—33
某茶饮店轴场关系与优
化平面的对应关系

0   5m

知识拓展

空间轴场关系的类别：

（1）轴场与方向：反映空间的向度与凝聚空间气场的关系。

（2）围合与之间："围合"较为静态和凝固，呈聚气之势；"之间"较为开放、流动，呈对峙、并置关系。

（3）对峙与并置：即之间的对比关系，且为同向度串联排列。

（4）主体与客体：主体的围合、静态性与客体的开放性、流动性之间呈对峙、依从关系。

（5）介入与呼应：在空间中介入某项因素，即插入对比层次，它们可以是形、色、材等视觉专项；呼应则是取得平衡。

（6）对称与对位：这是空间中最常见的轴场关系，这种关系本身就包含和谐的最基本方法。

（7）夹持与松弛：空间松紧、虚实的层次对比。

（5）空间优劣势分析

通过以上对原始空间的勘察和分析，基本可以得出原始空间的优缺点（图2-34、图2-35）。接下来在设计过程中应该尽量扬长避短，把原始空间的缺点当成问题通过设计手法进行优化和解决。

（6）朝向和日照、采光分析

空间中朝向的分析对设计师来说有哪些重要作用呢？会给后期的设计带来什么样的影响？不要让分析和设计脱节。举个例子，现在很多人在选择小区景观或者楼层数或者整个房间朝向的时候都会很细致地考量，在大的朝向没有问题的情况下再考虑空间中光照的效果。在纷繁的快节奏社会生活中，人们对

128m² 户型分析

优点：①四房双卫，满足三代同堂家庭；
②客厅与次卧共用墙非承重墙，可改动性较大；
③户型方正，利用率高。

缺点：①入户门正对餐厅；
②客厅较小，开间3.8m；
③卫生间较局促；
④通道较长，光线较暗。

原始平面建筑图

图2-34
某住宅户型的优缺点分析

劣势：
①整体风格不统一；
②产品展示位置分散，不利于推广；
③设施较为简陋陈旧；
④空间形象没有品牌辨识度，不利于品牌形象树立；
⑤功能布局混乱，整合度较低。

优势：
①墙面较为整洁；
②接待区有飘窗采光，可与客厅封闭式隔断；
③空间格局较为明确。

图 2-35
某儿童摄影空间改造项目的原始空间优劣势分析

森林阳光、大自然、流水的渴望越来越强烈，朝向分析直接解决的就是光照用何种方式引入、如何将人工光源减少的问题，达到节能减排、绿色环保的效果。

设计师需要考虑，在冬天白天时间短、光照时间有限，设计的空间有哪几个房间（空间）能照到阳光，这几个房间的使用功能是什么？如何在空间中享受这短暂的光照？如果在朝向分析中发现光照不足，设计师又会用哪些设计手法来补充光源？夏天在光照特别充足的情况下，是否需要采用一些手段来阻止阳光过于强烈而引起的气温过高、过于炫目的不适感受？对于办公空间来说，光线太过于强烈对我们的眼睛和屏幕的显示都不太好。又例如对于医院或养老院空间，调查研究显示很多病人更喜欢光照较好的区域，老人们也更享受空间中光照带来的美好。在幼儿园空间中的孩子们往往也喜欢光照较好的教室。所以设计师在设计时需要考虑如何尽量把常用空间设置在光线较好的位置。

2. 功能需求调研及分析表达

首先，需要明确空间所需的功能，可以从以下几个方面入手：

（1）查看设计任务书中对功能的要求（包括面积、容纳人数的要求）；

（2）与业主的沟通；

（3）专业规范的要求（如医院、星级酒店）；

（4）设计师设身处地地换位思考。

以某别墅为例，可能会有的功能区有：玄关、客厅、餐厅、厨房、茶室、家政间、主人房、老人房、儿童房、衣帽间、储藏室、棋牌室、书房、影音室、瑜伽室、SPA 按摩室、保姆间等，将所需功能罗列出来再对其进行研究分析，分析哪些是必要功能，哪些是额外非必要功能（图 2-36）。

其次，明确单个功能空间的属性：私密性（私密？公开？）、活跃性（经常使用？不常使用？）、动静程度（安静？吵闹？），可做成表格分门别类填进去（图 2-37）。

再次，根据功能空间的属性进行布置规划，这样就可以大致得出哪些功能应该放哪里，哪些应该放一起（图 2-38）。

接着，继续分析多个功能空间的亲疏关系：联系度（紧密？疏离？）、相似度（相似？区别？）、相容度（共享？独立？）。经过分析，可以得出哪些功

步骤1 明确需要的功能 (以某别墅住宅为例)　　■ 住宅的必要功能　　■ 住宅的非必要功能

棋牌　老人房　衣帽间
储藏室　客厅　狗舍
　餐厅　儿童房
琴房　茶室　主人房　洗衣房
书房　卫生间
　餐厅　玄关 ……

步骤2 明确单个功能空间的属性 (以某别墅住宅为例)

	私密	公开	活跃度	动静		私密	公开	活跃度	动静
玄关		√	√	√	棋牌	√		×	√
客厅		√	√	√	狗舍		√	×	√
餐厅		√	√	√	储藏室	√		×	√
主人房	√		√		洗衣房	√		×	√
老人房	√		√	√	腌菜	√		×	√
儿童房	√		√	√	茶室		√	×	√
衣帽间	√		√		琴房		√	√	
卫生间	√			√					
书房	√			√					

图2-36
分析别墅的必要功能与非必要功能（左）

图2-37
分析别墅的功能属性（右）

步骤2-1 根据功能空间的属性布置 (以某别墅住宅为例)

私密性	活跃性	动静程度
二层：私密空间	不活跃　不活跃	二层：静区
一层：公开空间	活跃	一层：动区
地下室：公开/私密空间	不活跃	地下室：动/静区

步骤3 明确多个功能空间的关系 (以某别墅住宅为例)

紧密/相似	疏离/区别	共享	独立
玄关　客厅	棋牌　狗舍	玄关　客厅	
餐厅		餐厅	
主人房　书房	琴房　茶室	储藏室　腌菜	
衣帽间　老人房	储藏室　腌菜		
卫生间　儿童房	洗衣房	茶室　书房	

图2-38
根据别墅的功能属性分析进行布置（左）

图2-39
分析别墅各个功能的亲疏关系（右）

能需要就近布置，而哪些没有太多联系可以分离设置（图2-39）。

以上对功能需求的调研和分析逐渐厘清了功能相关的思路，可以直接指导下一阶段的平面布置。

3. 目标群体调研及分析表达

目标群体调研也是设计师后期设计的支柱，它能反映大部分受众的认知、喜好、倾向，使得后期设计的时候更具有针对性。调研的具体手段可以是受众问卷调查（图2-40），这是一种具有可操作性的方式，它能从侧面客观地反映消费者或使用者的情况。调研完成后的问卷统计一定要制作成表格，统计成数据才能有效地反映出问题，形成设计的立足点。有了精确数据的支撑，做设计的时候才能有效避免从自身出发的认知性，客观正确地理解客户所需。

问卷调查不一定和上面的形式一模一样，设计师可以提出自己做设计时想知道的具体问题，只有充分了解后才能继续开展后面的工作。问卷调查的形式在空间设计需求探索上使用得越来越多，现在有很多有责任感的设计机构对于一

关于咖啡馆舒适性因素问卷调查

亲爱的xx 您好，我们正在做一个关于咖啡馆舒适性因素的市场调查，想问您几个问题，了解一下您对咖啡馆的意见和建议。您的回答对我们非常重要，我们会对您的答案进行保密。答案不分对错，请放心填写。

1. 您的性别？
A. 男　B 女
2. 您的年龄？
A.12~18　B.19~27　C.28~40　D.41~60
3. 您平时休闲娱乐会选择咖啡馆吗？
A. 会　B. 不会
4. 您去咖啡馆的频率？
A. 每周两次　B. 每周一次　C. 每两周一次　D. 其他
5. 您去咖啡馆一般做什么？（多选）
A. 聊天　B. 学习或讨论　C. 朋友聚会或商务谈判　D. 其他
6. 您认为单人消费价格的可接受范围是多少？
A. 0~15　B. 15~30　C. 30~45　D. 无特殊要求
7. 如果选择咖啡馆，你更加看中咖啡馆的哪些方面？（多选）
A. 服务　B. 环境或氛围　C. 价格　D. 品牌
8. 您一般在什么时间段去喝咖啡？
A. 上午　B. 下午　C. 晚上　D. 其他
9. 您去咖啡馆会选择坐在哪里？
A. 靠窗　B. 吧台　C. 露天阳台　D. 角落
10. 您认为咖啡馆应提供以下哪种服务？（多选）
A. 无线WIFI　B. 报刊杂志　C. 音乐　D. 电视　E. 零食　F. 其他
11.您喜欢的咖啡类型？
A. 拿铁　B. 卡布奇诺　C. 摩卡　D. 美式　E. 其他
12. 选择喝咖啡的原因？
A. 解乏提神　B. 生活习惯　C. 跟随潮流　D. 其他
13. 您在品尝咖啡之余，还需要提供哪些食物？（多选）
A. 糕点　B. 饼干　C. 甜品　D. 果糖　E. 薯条
14. 您一般在咖啡馆停留多久？
A. 半个小时　B.1~2 小时　C.3~4 小时　D. 半天甚至一天
15. 您每次都会到同一家店喝同一种咖啡吗？
A. 会　B. 不会
16. 您希望的空间组合更倾向于？
A. 单一空间　B. 流线明确　C. 空间多变　D. 丰富有趣
17. 您希望咖啡馆提供隐蔽的场所吗？
A. 提供　B. 不提供
18. 您觉得什么样的灯光是吸引您坐下来并能让您放松的？
A. 柔和　B. 昏暗　C. 明亮　D. 其他
19. 您希望咖啡馆的装修风格是怎样的？
A. 现代简约　B. 古典欧式　C. 时尚新颖　D. 格调高雅

图2-40 某咖啡馆问卷调查

个场地、建筑或者空间环境心存尊敬，在设计之前会充分调研受众群体，不断发现问题，通过设计手段及时解决问题；甚至在设计之后也会继续调研受众，将反馈归案存档，以此获得最真实直观的反馈，指引下一次同类项目设计方向。这也是它们不断成长、不断提升的办法。

4. 同类项目调研及分析表达

同类项目调研需要从空间专业进行，有竞争力的设计机构会站到更高的位置上，换位思考，从甲方的角度、商业利益的角度去帮甲方思考、谋略、策划，并结合空间专业设计去实现双方达成一致的想法。

如，二维码 7 是设计团队在一个茶叶销售店的设计前期准备阶段对同类案例所做的调研（图 2-41）。设计团队花了较大篇幅来调研汇总同类案例，并提取出它们各自不同的经营特点与空间环境。这对于想法不太明确的业主来说是个很好的做法，业主虽然无法凭空想象出自己即将开设的茶叶店应该是什么样子，但看过设计团队提供的调研案例，应该会有所偏好和倾向，经营方向和设计定位会逐渐明晰起来。

7- 茶叶店设计同类案例调研及方案设计

图 2-41
茶叶店同类优秀案例调研

③ C茶品牌

特点:

十分典型的中国传统民间文化视觉符号,古色古香,在空间中的应用,淋漓尽致地营造了质朴、雅致的情调,色调十分沉稳厚重,体现出深刻的文化内涵。过于传统的中式风格,针对的客群是传统茶消费对象中老年人。

介绍:

把茶香、茶文化、茶曲、茶器、东方美学这些概念都幻化成最简约的形式融入整个空间,营造一种安逸清雅的环境。设计师选择现在较为流行的素水泥和实木塑造整个空间,用传统古法制作最重要的展示柜体、门窗,再配合各种淘来的古物,让人在没有任何多余装饰的空间里,体会出茶的本色、质朴与情怀,享受空间的禅意和雅致。

介绍:

百年的传承及热忱,D茶品牌累积了丰富的经验,更从中体会到以一个新的方法来诠释传统中国茶,使茶叶以新的面貌面对新一代茶客。D品牌茶庄提供了一个全新概念的卖场空间,简洁时尚的装潢风格,同时又透露着百年老店的自在,即使不买茶,来随便看看,交换茶经,听听音乐,或试尝些好茶,相信都可以带给你一段美好时光。

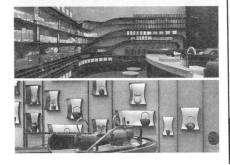

④ D茶品牌

百年茶庄瞄准了新兴年轻市场,以新的方法诠释传统中国茶,新的装潢风格,新的卖场概念,照顾了年轻化市场,有效提升了销售面。简练的卖场空间设计,在现代感中精炼出百年老店的气质。

⑤ E茶品牌

经验借鉴:

干净简洁的空间视觉,运用浅色木作与白色墙面,营造轻松且具有文化氛围的新中式风格茶饮店铺。

介绍:

E茶品牌传人秉承先辈勤劳聪慧的优良传统,坚持"以人为本,质量第一"的企业宗旨,追求"仁心妙茶奉天下"的经营理念,如今,已发展成为一家集茶叶生产销售以及茶艺培训、茶文化休闲为一体的综合性专业茶叶企业。在重庆地区拥有100多家统一管理的茶叶专柜、名茶馆、茶艺馆和茶器馆专卖店,在茶叶行业中名列前茅。

图 2-41
茶叶店同类优秀案例
调研(续)

⑥ F茶品牌

介绍:

此品牌顺应时代变革,以满足现代人的生活需求为核心,坚持唯一等级和唯一价格,为中国茶做减法,还原茶叶真相,彻底解决茶叶消费买、喝、送的三大需求痛点,让茶真正回归生活、美化生活。

此品牌以"做中国好茶、做好中国茶"为使命,用标准和透明打破传统茶行业的发展瓶颈;用创新体验为中国茶的全面复兴、走向世界探寻新的道路。

特点:
茶叶展示做减法,空间简单透明,展示形式新颖。

图 2-41
茶叶店同类优秀案例
调研(续)

2.2.3 项目"画像"表达

1. 解读优秀案例,及时做视觉笔记,刺激概念萌生

以某个有趣的案例解读为例,在解读案例时需要在脑海里不断对自己发问,随时思考设计师为什么会这么处理?二维码8案例中的文字都是解读者在看这个案例时的发现、想法、评论、疑惑,还附带趣味表情,解读案例时的心情也体现得淋漓尽致。

在解读、赏析案例时,通常还可能会引发设计灵感,激发出抑制不住的创作热情,这时无需压抑,只需要尽量地发挥、发散,并及时用草图加文字快速记录下这些想法,以免灵感和想法转瞬即逝(图2-42~图2-44)。

8- 解读优秀案例即时
所作视觉笔记

图 2-42
在欣赏 Tom Mark Henry
设计的 C.C. Babcoq 餐
厅时,看到墙面的抽象
绘画,引发火锅餐饮空
间项目的墙面绘画想
法,并及时记录下草图
视觉笔记

图 2-43
在欣赏 BUCK.STUDIO
设计的 Opasly Tom 餐
厅案例时,引发的关于
火锅餐饮店的设计思考
(快速手绘)

2. 搜寻意向案例或图片，与客户进行初步意向汇报或会谈，表达初步想法

什么是意向图呢？设计师在做设计之前想做成什么样子，就需要找到相应的意向图片表达呈现给客户，意向图就是为了传达设计师最开始的空间效果、空间色彩、硬装感觉、软装搭配想法。有时候一张意向图也可能只有某个局部的想法表达，设计师想把空间中的某个位置做成类似的样子。但是切记意向图并不是我们最后设计时照抄照搬的依据，它的存在只能成为设计的参考。我们通过意向图传达给客户设计的感觉。因为设计师所面对的客户都是不同行业的，可能会有律师、教师、医生等，非设计专业人士对想象二维图像转换成三维空间立体效果有一定的困难，让他们来看设计类的平面图或者立面图，他们或许无法理解和想象。在设计初期，意向图就很好地解决了这个问题，客户可以通过空间图片来感受未来设计完成后的空间体验，也能直观明白设计的走向。

客户还可以通过意向图来告诉设计师这是不是他们想要的效果，如果不是，设计师可以尽快调整，这样也能为设计节省很多不必要的修改。同时，意向图还有一个很重要的作用就是客户能通过设计师找的意向图反过来观察设计师的审美和水平。如果客户认为设计意向图正好是他们想要的，这个时候设计师和客户就建立起相互信任的纽带，对后期设计的进一步推动起到了关键性作用。

例如，在某开发商样板间项目的初期，就有一次与客户进行的初步意向汇报，相当于归纳出几种空间的可能性供客户做选择题，而最终客户也顺利清晰地做出了方向性的选择，汇报文件详见二维码9。

再如，某学校设计项目，在给客户的意向汇报文件中，按功能分区域给出设计意向参考图，汇报完成后客户在脑海中能够形成学校建成后对室内空间完整的印象，汇报文件详见二维码10。

9- 样板间初期意向汇报文件

10- 某学校设计项目意向汇报文件

图 2-44
均为解读优秀案例过程中的视觉笔记

手稿推敲

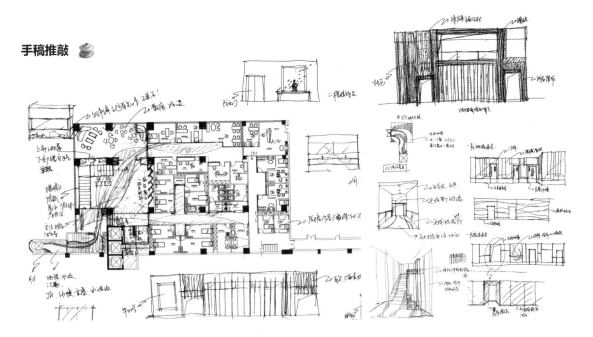

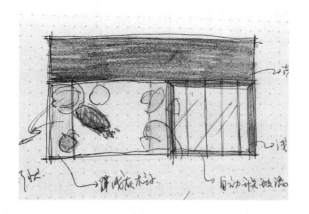

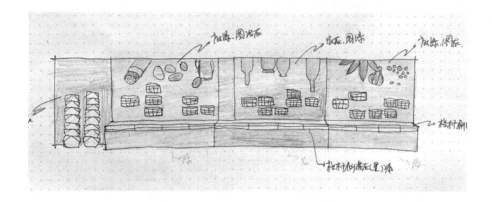

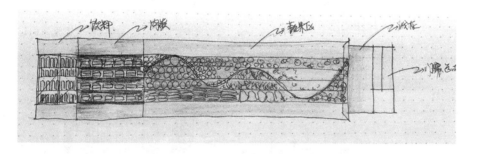

图 2—44
均为解读优秀案例过
程中的视觉笔记（续）

3. 与客户确定空间形象及总体定位

分部分区提出设计意向之后，还需要提出一个总体的空间形象及定位供客户确认，也就是总结出一个大方向、一个总目标，便于我们有目的、有针对地开展设计。

2.3 该环节思维表达的特点

该环节思维表达以记录型、沟通型为主要特点。

2.3.1 完整全面原则

原始空间的信息采集记录需完整全面、望闻问切、充分观察、深入发现，最好不要有遗漏，以免二次踏勘现场、重复工作。

2.3.2 客观真实原则

设计初期在分析采集到的信息时（数据、图片），需做到客观、不掺杂个人想法和偏见，这样才能为设计团队成员提供客观真实的分析结论。

2.3.3 准确系统原则

在设计初期整理原始图纸时（信息整理、分析、归纳），需制订计划、有条不紊，避免漏掉重要的信息。

2.4 实训教学向导——《项目筹备阶段实训任务书》

2.4.1 任务内容

1. **任务书解读训练**

给定一个室内空间设计任务书，考查学生分化任务书中重点信息的提取能力。

2. **观察记录训练**

观察并记录某一建筑的原始结构、垂直构件和消防设施。

原始结构：层高、楼板厚度、结构类型、承重构件柱、梁、剪力墙。

垂直构件：楼梯、升降电梯、风井、电管井、水管井、烟道、给水排水立管。

消防设施：消火栓、消防门、消防前室、消防楼梯、防排烟井、警铃、烟感、温感、喷淋。

3. **空间测绘训练**

测绘一个100m^{2}左右的室内空间，如教室、教学楼公区、住宅。

手绘出室内空间的平面布置，用不同色彩的笔标出大小梁的位置尺寸（梁位平面图、梁的截面尺寸），用卷尺或红外线测量仪测量并记录平面数据和竖向数据。

（1）测量记录平面数据

平面数据包括平面尺寸、顶面主次梁的位置尺寸、承重结构（梁、柱、剪力墙）、楼梯等。

（2）测量记录竖向数据

竖向数据包括层高、楼板厚度、板底净高、窗高等。

4. 整理原始空间训练

用电脑辅助设计软件 CAD 绘制出原始空间平面图及顶面图；用电脑辅助设计软件 Sketch Up 绘制出原始空间三维模型备用，便于整个设计过程中反复查看原始空间，也便于下一阶段推敲方案。

5. 原始空间轴场关系分析训练

设定一个空间类型，给定原始平面图，分析原始空间轴场关系，进行功能分区，安排交通动线。

6. 搜集优秀案例训练

给定一个空间类型，如餐饮、商业、办公、酒店、住宅，搜集同类型优秀案例，大量快速手绘草图视觉笔记，萌生、记录设计想法、思路和概念。

2.4.2 测评标准

1. 任务书解读训练

学生解读任务书、提炼任务书重点、制订时间计划的能力（10%）。

2. 观察记录训练

学生的观察记录、思考推理、辨别能力（10%）。

3. 空间测绘训练

数据采集的完整、准确，误差的处理能力（20%）。

4. 整理原始空间训练

原始空间 CAD 的绘制效率、准确度（10%）；Sketch Up 建模的能力（10%）。

5. 原始空间轴场关系分析训练

原始空间轴场关系的建立、分析、推理、梳理（20%）。

6. 搜集优秀案例训练

搜集的案例数量、质量，手绘视觉笔记的数量、质量（20%）。

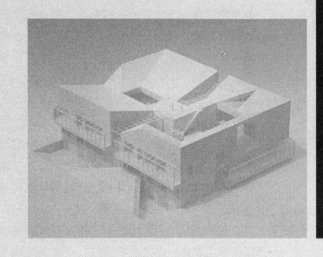

3　概念设计阶段的思维表达

3.1 该环节任务及情境

在项目筹备工作完成后，并非全面展开具体的设计工作，而是概念设计。概念设计是对整体设计工作的统筹和部署，因此概念设计的品质决定了后续设计工作的方向和高度。概念设计的工作内容包含：设计策划与定位、设计理念与创意主题、初步空间规划与功能构架、设计蓝图预想（空间设计意向）等重要信息。

3.1.1 设计策划与定位

每一个项目都有具体的业主、投资目标、运营需求等经营层面的信息，在充分理解项目的经营信息后，通过未来发展规划、客群特征、同业对比、假想敌调研等方面的分析，获得恰当的运营策划和项目定位。

设计策划涵盖了工作目标、工作方式、工作成果等系统内容。设计定位是对项目的清晰界定，是设定精准的项目坐标，如消费水平定位、目标客群定位、业态属性等，其具有较高的概括性，表述简洁明了，如某办公聚集区餐厅的设计定位为：为精英商务人群提供高品质午餐的休闲主题餐厅。

设计策划与定位是项目设计的顶层架构，也是判断后续设计是否满足需要、是否是"恰当的设计"的总纲领（图3-1）。

受众吸引力

图3-1
设计策划与定位是基于项目战略层面的思考

设计策划与定位具有战略价值，因此需要有充分的信息资料，从充足的信息资料中筛选、挖掘、整理出有价值的信息点，以此为依据，帮助设计师进行抉择和判断。该阶段是整个设计的启示阶段，思维方式较为开放，天马行空，头脑风暴，讨论分享，往往从一些毫不相干的分散的"点子"开始，也是设计过程中较为有趣的环节。

该阶段的设计思维主要以抽象的方式表达，如某个案例、某个关键词、某种趋势或规律现象等。在实践过程中需要及时、快速将信息点记录和留存起来，如写下关键词以作为个人再思考的素材。

3.1.2 设计理念与创意主题

设计理念也可叫作设计主张，是具有设计思想和价值观的导向价值。诸如常见的倡导环保理念的商场设计；倡导尊重与保护传统理念的城市厂房改造设计；倡导交流与共享理念的办公空间设计；倡导和平与人性的战争纪念馆设计；倡导释放和尊重天性的幼儿园设计等。

创意主题是设计特点的提炼，是设计中最具魅力和趣味的亮点，是设计的识别符号，好的主题往往具备易识别、易传播的特点。如水立方、流水别墅等都是非常经典的创意主题。

创意主题可以从多个方面提取，视觉方面，如空间造型、色彩、材质、照明、陈设、风格流派等；抽象层面，如空间关系、功能主题、文化艺术等。

设计理念与创意主题往往决定了项目的设计线索，将在接下来的全部设计过程中贯穿始终（图3-2）。

图 3-2
设计理念与创意主题决定了项目的设计线索

3.1.3 初步空间规划与功能构架

初步空间规划是对功能需求的宏观梳理，主要解决主体功能的布局、空间交通路线的组织。其与详细的平面布局不同，空间规划重点是对功能关系的梳理和搭建，简单而概括的色块能基本反映出主次、面积大小、先后次序等要素即可。

初步空间规划之前需要整理出所有的功能配置，不可缺漏，由主要功能到次要功能，从大功能区到细节功能。完成全面、清晰的功能列表后，再针对功能进行关系梳理，梳理功能主要有三个目的：首先是功能的主次，核心功能优先考虑；其次是功能的秩序，在实际使用中哪些功能在前端，哪些在末端；第三是功能的结构关系，各功能区存在平行关系、包含关系。这三方面都决定了功能所对应的空间规划，归根结底，初步空间规划的最终目的就是清晰、准确、合理地反映功能关系。

例如，基于酒店的运营需求，某精品酒店的首层设置了景观岛、大厅、接待区、服务站、露台区、后勤等主要功能（图3-3）。

根据空间平面的基础条件以及各功能的先后关系，进行空间的初步规划。首先：核心功能是大厅的会客休闲功能，其他功能以此为核心展开布局，位于

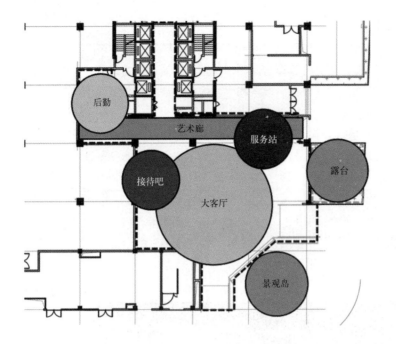

图 3-3
某酒店大堂初步空间规
划概括地表达出了空间
的顺序与主次关系

接待前端的是景观岛，进入酒店后的第一功能是接待区；作为大厅的延展，配置了露台区；针对停留在大厅和露台的客人需要提供服务，居中设置服务站，提供茶水服务。连接公共区域和后勤的通道，结合空间特点塑造为艺术长廊。整体的空间规划以简单概括的圆形气泡和明暗色块表示，直接反映出功能区的主次、先后关系。

3.1.4 设计蓝图预想（空间设计意向）

空间设计意向是通过借用相似案例或通过手绘草图的方式，将预想的设计结果直观地表现出来。有助于与团队或客户在较短时间内达成共识，以避免通过长周期的设计最终成果却得不到认可。因此空间设计意向是方案设计的翻译器，最终的设计成果与确定的设计意向必须有一致性，同时也必须具备差异性，以突显设计创新的价值而不至于"粗暴抄袭"。

设计表达往往是双向的，有时候会遇到已经有明确设计方向的客户，为提高沟通效率，客户也会提供设计意向图片。不过客户往往因为专业性不足，所选择的设计意向存在混乱，甚至出现矛盾的情况，所以还是需要由设计师进行归纳、梳理，形成真正具有指导意义的设计意向。

设计意向尽管只是初步表达设计愿景的雏形，但也需要达到准确清晰、系统完整的程度，能帮助设计方和甲方快速达成明确共识。对整体格调、用材、工艺、软装搭配（家具、灯具、饰品、挂画等），经过双方沟通达成一致的设计意向，并将其作为评价后续方案的参照标准。没有达成一致设计意向的前提下，设计方与甲方仅通过语言沟通很难真正达成共识和默契，容易出现"下笔千言，离题万里"的尴尬局面，因此无论客户是否要求，都必须提供设计意向，以免沟通错位，最终设计出不符合客户预期的成果，浪费双方的时间。

图 3-4
某培训机构的空间概念
意向图直观地表达出空
间未来的格调与品质

例如某培训机构的空间概念意向图片（图3-4），图片中包含了整个机构最重要的形象接待空间的意向，同时还兼顾了家具和图案要素的选配。因为教育机构重点是门厅和接待空间的设计，教室及其他辅助空间面积虽大，但功能性很强，不需要做过多装饰，简洁大方即可，借助家具和饰品的搭配点缀就能达到不错的效果。因此，概念意向图针对性地表达出了空间未来的设计思路和方向，能起到准确的指引性，也让客户能对后续设计工作做到心里有数，放心委托。

3.2 表达的具体形式及案例

概念设计阶段的成果是以概念设计文本的方式展现。概念设计文本通常包含设计策划与定位、设计理念与创意主题、功能规划与流线分析、空间概念等内容，通过具体的酒店项目案例更易于理解和掌握。通常情况下，概念设计的周期不会太长，一般为3~10个工作日，具体视项目情况而定。在实践中，项目概念设计并非一定是设计方与甲方达成合作以后才开始，不少情况下都是客户进行设计单位选择的依据。在客户没有办法确定多家目标设计合作对象的情况下，往往采用概念设计文本为判断依据，检视设计单位的思想、创意、审美、组织能力等。所以，概念设计文本决定了合作的成败，十分重要。

3.2.1 设计策划与定位成果表达形式

设计策划与定位是项目战略和统筹的工具，属于抽象思维成果，通常以文字或抽象图形的方式呈现。例如某酒店的客群分析定位（图3-5），通过直观的图片结合关键词文字能瞬间呈现出未来客户的状态、形象和空间氛围——年轻阳光、活力时尚、自主个性的旅游人群和商务人士，从而可以推导出酒店与之相匹配的设计定位。

旅游　　　　　　　　　　自主　　　　　　　　　　时尚

年轻　　　　　　　商务

图 3-5
某酒店设计定位分析
——客群定位

基于客群分析能够提炼出代表客群喜好的关键词，用以推导酒店设计的关键词：轻松、艺术、浪漫、有趣、时尚、轻奢、生态、智能（图3-6）。不同的关键词搭配有感染力的图片能帮助客户理解酒店设计的整体感觉和性格，为空间设计奠定基础。

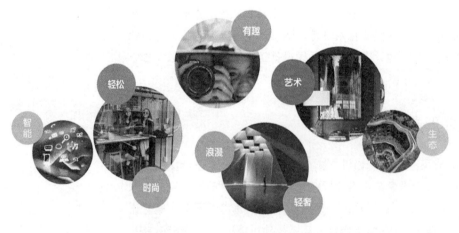

图 3-6
某酒店设计定位分析
——品牌格调定位

与此同时，需要对酒店的特色进行提炼，没有特色的酒店是缺乏竞争力的，在同等条件下，该酒店的设计策略决定了经营思路，从而决定了后续推广和宣传的重点。因此，结合酒店所处的地段和目标客群的特质，将酒店分为以提供轻社交、轻商务、轻康体为主的公共区域，即"大客厅"；和提供相对私密的具备休闲商务空间的客房，即"小客厅"。如此一来则将整个酒店定位为"城市客厅"。简而言之，为城市商务休闲人群提供以社交和接待为核心功能的精品酒店（图3-7）。

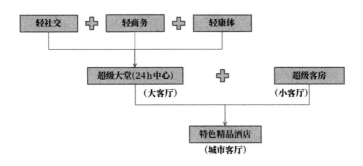

图3-7
某酒店设计策划

在整体定位明确以后，将要对酒店设计做进一步的细化战略定位思考，首先是酒店带给人的整体感受，以最简洁、最准确的方式概括：轻（轻松、轻快）、精（精准、精致）、新（新奇、新潮）。为达到这三个核心目标需要有所取舍，而不是面面俱到、按部就班、取悦所有客户的中庸酒店（图3-8）。与客户共同梳理后形成一致的思路和战略定位会对后续的设计起到重要的导向作用，也可避免过多的分歧和沟通成本，能高效地完成整体设计并得以实施。

图3-8
某酒店设计定位分析
——战略定位

3.2.2　设计理念与创意主题成果表达形式

设计理念与创意主题具有一脉相承的特点，理念指引创意的方向，创意诠释理念的内涵。两者都属于经过高度概括和精准提炼后的思维成果，通常在设计中会以文字结合图片的方式进行呈现和展示，以帮助客户和协作团队理解。设计理念与创意主题都具有高度概括性的特点。设计理念往往是由抽象的观点提炼的，创意主题可以抽象，也可以具象。

例如某教育机构的办学理念来源于古希腊哲学家赫拉克利特的观点，提出了"破、创、立"的办学及教育思维，以此为基点，空间设计需要满足新型教学培训机构的发展预期，因此提出了"分享传播、互动交流、学习DIY、展示SHOW"四要素，用以指引空间设计，从而定义所谓创新型教育理念。其呈现方式就以文字"关键词"的形式表达（图3-9）。

图3-9
某教育培训项目设计
理念

创意主题是空间具体设计的核心要素，围绕主题展开创作，主题的形式千变万化，以某文化为主题、以某物为主题、以某故事为主题均可。具体以实际项目的情况而定，精彩的创意主题能赋予项目灵魂，从而达到神形兼备的高度。没有主题的设计往往难以打动观者，也容易导致设计者迷茫、漫无目的。

例如某酒店在城市中心，针对年轻高端商旅人群提供超出预期的酒店入住体验，希望能在乏味而且快节奏的城市生活中给予宾客浪漫、轻松的氛围，脱离过度物质化的现实生活，因此拟定了浪漫且富有诗意的设计主题——镜花水月，挖掘出"不可捉摸的虚幻景象"的注解，并希望借助"水与花"的设计元素，通过提炼和设计创意，形成贯穿酒店整体空间设计的线索（图3-10），从而使酒店设计有血有肉，变化且统一。

在确定了创意主题后，需要在延续创意主题的前提下提炼空间设计元素，通常有两种方式：一种是完全凭空创作出一个设计元素，如抽象的图形文字符号；另一种则是由参照的原型提炼而出，如从常见的蜂巢提炼出等边六边形元素、从钻石提炼出棱角多边形、从海螺提炼出螺旋形态等。

例如在设计以"镜花水月"为设计主题的酒店时，对水元素进行提炼和概括，形成可演变形态，如不规则延续的波浪曲线、自由变化的组合形态（图3-11）。在空间设计中对元素的提炼十分重要，不够精练则显得粗暴，缺

图 3-10
某酒店创意主题

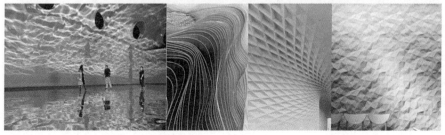

图 3-11
以"镜花水月"为创意主题的酒店视觉元素演变

乏设计水准；提炼得过度，无法建立与原型之间的关联则又失去了主题韵味，因此在创意主题元素演变环节需要反复实验，多做尝试。

3.2.3 初步空间规划与功能构架成果表达形式

初步空间规划的成果分为两个层次，首先是设定好必需的功能构架，其次进行空间的平面初步规划。功能构架图是以功能的逻辑关系建立的抽象图表，平面规划图涵盖功能分区图、交通流线图、初步平面布置图。

初步空间规划是空间使用方式的最宏观表达，需要完整无缺地将主体功能的大体规模、功能之间的先后主次关系概括直观地呈现出来。

例如某教育培训机构的初步空间规划，项目在建筑中的三层和四层，三层仅有一部分空间，四层为整层（图3-12）。首先需要考虑两层楼的联动性，由此确定空间逻辑关系，如接待的起点和上下楼的连接，以此推导其余功能区关系。接待广场紧邻展示性较强的美术艺术区域；三层隔绝噪声的音乐影视区域独立运行，避免干扰；面积需求较大的为语言教学区；多功能区就近设置配套餐饮茶水区域；动线末端最不被打扰的为运营和后勤区域；不同区域之间考虑管理和门禁配套。通过简单直观的明暗色块结合文字就可将基本的空间规划思路表达清楚，以提升设计方与项目委托人之间的沟通效率。

在初步空间规划完成后，根据功能准确的面积大小结合建筑基本条件，对各功能区进行进一步完善和固化。同时需要将初步规划环节的主功能区进行适度的细分，从而分析实际使用中的合理性、便捷性和流畅性。

例如某酒店首层空间涵盖了大堂、餐厅、厨房、商务中心、特色商店、攀岩文化及体验区等，在初步空间规划的基础上将空间关系进一步细化，基本呈现出准确的形态和面积大小，空间之间前后左右的方位关系也更为明晰。

图3-12
以最概括的明暗色块表现出空间的初步规划

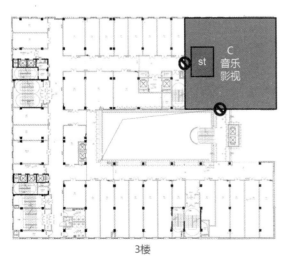

3楼

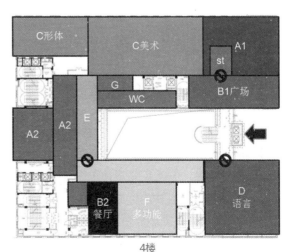

4楼

平面分区

最终完整的平面布局能准确清晰地将空间中的家具布局及用品设备呈现出来，并且以准确的比例表达（图3-13），从而帮助协作团队、审查单位、委托人等查看审核。该成果对后续空间设计工作至关重要，获得认可后，将以此为依据进行空间划分、隔墙拆建、消防单位的送审申报、机电设备的布置等。

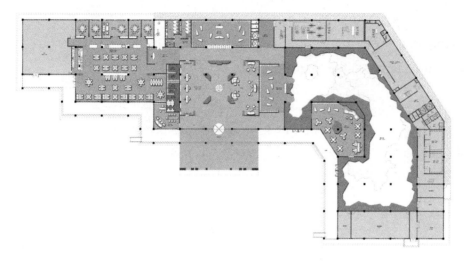

图 3-13
完成初步规划后的空间布局图

3.2.4 设计蓝图预想（空间设计意向）成果表达形式

空间设计意向成果可借鉴相似案例成果图片作为意向图，或手绘设计图、概念模型（实体模型、电脑模型），没有标准固定的形式，根据实际项目需求和自身的优势灵活应用。

最基本的意向成果表达形式借助于现成的图片资料，行业俗称意向图。一般情况下，意向图都是他人的设计成果，有可取或者相似的创意思路，被选用以表达出设计者的意图，仅作为参考交流，在实际设计环节不能照搬复制，否则将面临侵权和剽窃所导致的法律纠纷。

在互联网的推动下，优秀的设计素材和参考资料会通过网络得以分享，因此有越来越多的机会掌握大量丰富的素材，意向图的获取也更为便捷。在设计工作并未完全开展或者甲乙双方还未签署合作协议之前，通过意向图能节省大量时间，双方可借助他人成果阐述和表达自己的创意思想、设计思路和艺术品位。

在互联网发展初期及之前，意向图获取不如现在方便，更多是借助于手绘草图的方式进行空间设计思想的交流和沟通，因为手绘草图对设计师的专业基本功要求较高，所以愿意采用手绘草图进行沟通的设计师越来越少，从而也越来越显现出手绘创作的价值。

例如某设计公司创作的商业空间设计草图，针对千篇一律的商场设计，该项目面向年轻一代提出更具有趣味和体验性的主题商场，并赋予艺术雕塑的设计主题，可以看到，设计师通过简单随意的线条勾勒出空间中的主要要素和场景关系：中央舞台连接舞台和二楼的楼梯，铺满天花板和背景墙的圆管、顶天立地贯穿两层楼的雕塑，虽然图面并不细致，却已经将空间的氛围和张力表达出来，能让人大体感知到空间的气场和氛围，主要的设计手法和元素也搭建完整。除了整体空间的草图，还有右侧补充性的细节草图和分析，图文结合既能帮助设计交流，也可对后续的深化设计要点进行梳理（图3-14）。

手绘设计草图是设计思维的快速表达和及时呈现，花费时间短。如果设计考虑较为成熟，设计时间充足，要求也较高的项目，还可以更进一步绘制手绘空间概念图，也可称为手绘效果图。手绘效果图对绘制者要求很高，需要有准确的空间透视基础、良好的空间抽象思维能力，同时还必须有出色的美术功底。因为依赖电脑的效率和便捷，今天的设计市场中具备出色的手绘效果图水平的设计师凤毛麟角。当然也有行业竞争激烈、设计周期短等因素，手绘效果图不便于修改，并且不便于全角度观察空间，使得手绘效果图不被鼓励和重视。今天年轻一代设计师即使手绘也并非采用传统的纸笔颜料，而是用数码绘图工具实现。尽管如此，我们依然无法否认手绘空间效果图的魅力和艺术感染力。

相比手绘概念图的表达，更直观也更耗费精力的是制作实物模型。实物模型能全角度观察和评估设计作品的优劣，给观者以更整体的感知体验（图3-15）。因此大型项目，尤其是建筑设计项目，往往必须要求提供实物模型成果。

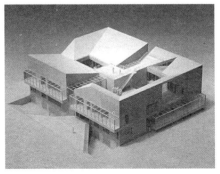

图 3-15
实物模型直观地表现
出设计预期成果

实物模型成果有手工制作和机器制作两种方式。手工模型制作周期长、难度大、精度相比机器要低，因此目前行业基本都采用机器制作。其基本流程是首先借助电脑绘制模型构件；然后通过机器雕刻或者切割、打磨；最终由制作人组装完成。相对于手工模型，机器制作模型效率高、时间短，但成本高，机器设备动辄上万元，因此常规项目并不太考虑制作模型。

随着 3D 打印技术的进一步成熟和普及，越来越多的项目开始选择 3D 打印制作建筑模型，尽管当前 3D 打印依旧是一个高成本的选项，但其效率和准确性完全碾压传统的手工和机器制作，因此在职业发展中需要与时俱进，密切关注技术和行业更新，一旦 3D 打印成本降低，将对设计行业的表达方式有革命性的推动。

电脑模型也称数字模型，是普及程度较高、备受青睐的设计表达形式，也是当前设计师从业必备的基本技能之一。常见的三维设计软件有 3D MAX、Sketch Up（草图大师），现在较为普及便捷的还有即时渲染的商用平台软件酷家乐等。

相比手绘草图和意向图，三维数字模型具备准确度高、360°全角度视野、易于编辑和修改、出图快捷、技能易于学习和掌握等优势。相较于三维实物模型，数字模型制作时间成本低，经济成本更低，绿色经济，搭载与 Vary 类似的三维呈现技术，具有更真实、更震撼的沉浸式体验；搭载视频编程等技术，三维模型可制作为动态视频或影片，配合音乐旋律能达到更流畅、更唯美的展示体验效果，常用于重要建筑、规划和商业地产项目的成果展示中。因此，数字三维模型是未来空间设计思维与表达的趋势所在。

例如某售楼处室内空间设计项目，该项目是开发商在原有已售楼盘售楼处的基础上改造的，以满足新售楼盘的销售需要。新楼盘面对更年轻、更时尚的公寓客户，需要呈现出更活跃、轻松、艺术的空间氛围，因此设计师利用原有售楼部模型进行创作，直观地呈现出新的设计思路（图 3-16）。

除了以上几种类型的概念设计阶段的表达方式以外，根据表达侧重的不同，还可以借助现成的资料素材表达。例如某住宅空间的概念设计阶段，设计师为表达出空间的气质和细节的韵味，分别选取装饰灯具、质地丰富的家具和装饰细节，从中人们可以感受到设计师对项目的基本定位和风格语言（图 3-17）。

这样的空间设计意向组合随意，根据设计师的设计重点和表达意图可以随机搭配。以客厅为例，可以将客厅中的主要材质结合装饰吊灯和主要家具概念进行设计表达，也可以选取局部细节、材质、色彩以及图案表现空间的特质。

相对细节和局部的概念设计图，完整的空间意向能够更直观地将设计意图呈现出来。例如某精品酒店在设计初期需要将设计思路和整体方向通过概念意向图传达给客户（图 3-18），左侧是酒店的客房平面图，其中将客房的通道进行了标注，以强调意向图的目标空间，右侧则排列了三张走廊和电梯厅的意向图，其从空间类型的一致性和展示效果的完整性方面都极其全面地表达出设

图 3-16
某售楼部数字三维模型，充分地呈现出空间设计形象

图 3-17
空间设计意向涵盖空间及家具、灯具等细节

计师的大体思路：走廊会选取表现力强一些的材质，通过结构变化或者蚀刻图案使其富有变化，成为空间的主角，对应的地面则从三张图上都表现出弱化处理，采用简单的整体材质，形成与天花板的强烈反差，从而衬托出天花板的特色；墙面的处理手法与地面相似，除了必要的信息要素，如字牌、导视、信息提示灯以外，别无他物。

尽管这种形式的空间意向概念图表现能有的放矢、完整准确，但也有需要注意的地方。一方面，设计师在如此明确的参照范本之下难免会受到思维限制，形成定势思维和创作边界，不利于打破既有的参照框架，既要神似又必须原创，存

图 3-18
某酒店客房层走廊设
计意向，准确地展示
出空间预想效果

在一定难度，因此有不少设计师为省心力直接将概念参考意向图照搬到自己的设计中，长此以往就养成了依赖性，失去了创作激情，渐渐地也丧失了创新能力。

另一方面，一旦在概念意向图上与业主达成一致，就会让业主产生既有印象，带着对意向图的认知判断新的原创设计方案，这样难免会陷入形式化的纠结和反复对比印证意向图与设计图的循环中，因此在概念图的选择、呈现以及表达过程中都要留有余地，同时也无需纠结于找到与自己思路绝对相符的图片素材，只要整体思路和意图能得以表达即可。

设计意向图的选择既有宏观的空间意向，也有微观的技术细节，其中涉及某些专项就需要特别说明，比如工艺工法的技术细节、灯光设计和营造的思路，再比如材料的组合搭配。一份好的物料意向图既是帮助甲方了解设计方案的工具，也是设计师用以控制设计效果和成本的法宝，越是宏观的大型项目，物料越显得重要，动辄几千上万，甚至数十万平方米的工程量，材料稍有不慎就会造成巨大的损失和资金搭配的错误决策。项目实践中准确的物料选择必不可少且至关重要，需要引起足够的重视。

3.3　该环节思维表达的特点

概念设计环节涵盖设计策略、设计创意、功能规划、视觉统筹等工作内容，因此也囊括了多样化的思维方式。对整个项目后续发展起提纲挈领的作用，也涉及大量与客户沟通的重要信息。本章分为几个小节，必须逐一对各环节的概念及其主要目的、对应设计表达成果的重点和难点进行透彻的讲解，配合以实践反复练习、讨论分享，这样才能转化为灵活运用的专业能力，否则难以达到教学预期。因此，其对思维能力有较高的要求，在教学中可以开展有针对性的训练。

3.3.1　逻辑思维

项目设计策划与定位、空间功能规划的训练可以有效提升逻辑思维能力，结合案例剖析和设计演练的汇报点评，可以拓展设计思维的广度和高度，能以更宏观、更开阔的眼界看待项目的价值和业主的意图，从而与业主共同建立行之有效的设计策略。

3.3.2　发散思维和抽象思维

设计理念和创意主题的训练可以有效提升发散思维和抽象思维能力，该环节能做到引导和启发同学们持续学习，持续开放的从业心态实现了教学最大的意义。所谓功夫在画外，对于设计就是积累文化、艺术、历史等丰富的知识养分和文化素养，若融贯东西、纵览古今，方能旁征博引，也才能提出卓越的设计理念和精彩的创意主题，深受文化内涵滋养的大脑更易于发育出有趣的思想和灵魂。

3.3.3　图像思维

空间设计意向图的制作与整理能有效提升图像思维能力，该环节建立了从设计策略、设计理念和设计创意等形而上的抽象思维和战略思维到具体的、视觉的、直观的专业过渡，帮助同学们更完整地认知空间设计的价值和意义，如每一张图片、每一个案例需要表达什么样的内容，以达到何种目的，避免了盲目制作、盲目画图、自娱自乐的设计歧途。

各项思维能力在实践训练中相互融合渗透，建立了设计思维与表达最概括的架构和联系，以奠定职业成长的基本功，从而全面提升思维能力。

3.4　实训教学向导——《概念设计阶段实训任务书：概念设计文本制作实训》

3.4.1　任务内容

以目标项目、餐饮空间、商业空间或酒店空间为题，项目选择以真实项目案例最佳，结合项目实际进行概念设计文本的制作。文本内容要求涵盖：设计策划与定位、设计理念与创意主题、功能规划与平面布局、空间设计概念四大板块。每个板块以最合适的方式准确表达出自己的设计思想和设计意图。

提交成果及形式：以不小于 A3 幅面的规格制作设计文本并装订成册，同时提交 PDF 电子版本。提交实物及电子成果的同时组织课堂汇报，由个人或小组对概念文本的内容进行详细介绍，每组（或每人）限时 15 分钟，陈述完成后由指导教师组织讨论和设计师答疑，并最终给予成果评定。

3.4.2　测评标准

以课堂汇报的成效和文本制作的质量进行综合测评。

课堂汇报的测评重点为：思维推导的严密性；逻辑关系的合理性；设计理念和创意主题的创新性；空间设计意向的准确性；语言表达的条理性。

文本制作的测评重点为：文本制作装订的完整性；版面的美观性和设计感；内页文字、图片、图表对思维表达的准确性和支撑性。

两个部分的测评成绩分别占比 50%。

3.4.3 成果示范

教学成果示范以实际项目案例结合学生优秀作品为主。其中实际案例是：以某餐厅、某烧烤餐厅两个概念文本方案为例，详见二维码，指导教师分别对两个项目概念文本中的内容进行讲解分析和示范展示，以帮助学生理解教授重点及难点。

学生优秀案例侧重对闪光点进行分析和表彰，以帮助同学理解并顺利推进整体实践教学进程和提高教学成效。

11- 某餐厅概念方案

12- 某烧烤餐厅概念方案

4 详细设计阶段的思维表达

4.1 该环节任务及情境

详细设计阶段是在概念设计工作完成的基础上再次深化各项设计内容，将粗浅的意向逐一落实。概念设计阶段通常只确定了方案的设计理念、解决问题的走向和风格基调，成果一般比较概括，未完全落到实处；到了详细设计阶段，需要不断修改完善概念设计，逐步让原本"飘在天上"的想法落到实处，和其他专业一起解决概念设计中很多具体的问题。详细设计阶段的工作内容包括固定空间设计、空间效果呈现、合理的施工工艺技术设计、活动陈设设计等。

详细空间设计是从概念到明确落实的过程，是设计团队发挥主观能动性进行设计创造的核心阶段，可以说所有的创意设计部分在此阶段几乎完结，为施工图设计阶段做好准备。

4.1.1 固定空间设计

1. 平面布置设计

概念设计阶段已经完成初步空间规划，功能布局、交通流线，初步平面布置已经得出。在此基础上，详细设计阶段再次反复优化，最终选定最优的平面布置。根据选定的平面布置再设计出与其相对应的顶面布置及地面铺装。

平面布置主要体现功能的实用性以及功能布局的合理性。还要注意不能对原始建筑承重结构进行改动，因此如何能够在现有的室内平面格局和承重结构下实现合理的动静划分、功能空间的穿插与分割、交通流线的顺畅便捷及家具在空间中的位置摆放是最重要的问题。在前一阶段构思室内设计方案时，可以保持原有的建筑格局不变，也可以在不改变承重结构的基础上重新划分空间，以完成室内设计构思。

一张表现较为充分的室内平面布置图应包括以下几个部分：房间的精确分割、墙体的位置和厚薄、门窗的位置、内部家具的陈设布置及必要的文字标注。

平面的设计表达需要注重以下内容：

（1）房间分割（开间、进深或柱网）的轴线；

（2）墙体的厚度、门窗开口位置及宽窄；

（3）贴砖的墙面应注意表示墙饰面层的厚度；

（4）用俯视平面图式样布置室内固定家具和活动陈设，固定家具如柜体，活动陈设如沙发、桌椅、床等；

（5）注明尺寸标注和必要的文字标注。

2. 顶面布置设计

（1）顶面的设计表达需要注重的内容

1）顶面的标高与空间的比例关系；

2）顶面的造型与尺度；

3）顶面的隐藏设备及检修措施；

4）顶面材质的选择和表达；

5）顶面结构构造的表达；

6）顶面灯具的款式；

7）顶面照明的方式及光源位置分布定位。

（2）顶棚的三种类型

1）悬吊式顶棚

悬吊式顶棚也称"吊顶"。吊顶可以隐藏顶面不美观的结构梁、管线（空调及新风管道、消防喷淋管道等）、设备（空调新风设备），采用"吊筋＋龙骨"形成基层框架，再与石膏板、铝扣板等面层材料组合而成。例如在当前的住宅空间中，很多家装用到中央空调，多为顶面回风口，侧面出风口；再如客厅常用嵌在吊顶内的筒灯；还有为了防止炫光，会做隐藏灯带，灯管隐藏在吊顶之内，形成漫反射光。除了以上功能以外，特殊材料的吊顶还能起到保温隔热、吸声、隔声减振、防火防潮等作用。

此外，吊顶的形式也多种多样，层高的变化能使空间更有趣味性，漫反射灯带能够营造柔和的空间氛围，装饰的花纹或角线能够体现空间的风格。

2）直接式顶棚

直接式顶棚是指直接在混凝土原顶表面施工，涂刷水泥砂浆。装修起来比较简单，不占据室内空间高度，但是不能用于有大量管线和设备的空间。如住宅中的阳台空间比较适合采用直接涂刷顶面处理。

3）结构式顶棚

结构式顶棚将屋盖结构直接暴露。多用于体育馆、展览馆这种大型公共空间。

3. 地面铺装设计

（1）地面的表达需要注重的内容

1）地面材质的选择和表达；

2）不同材质之间的衔接；

3）地面铺装的图案拼法与尺寸。

（2）地面材料的常见分类

从广义来说，任何一种耐磨的装饰材料都能用于室内地面。本节仅介绍当下常见的地面铺装材料，包括石材、地砖、木地板、地胶、地毯、地坪漆等。

1）石材

石材分为天然石材和人造石材，天然石材又分为大理石和花岗石。地面材质大多选用耐磨的花岗石。

大理石又称云石，因原产于云南省大理而得名"大理石"，是重结晶的石灰岩。花岗石属岩浆岩（火成岩），其主要矿物成分为长石、石英及少量云母和暗色矿物，是装修工程中使用的高档材料之一。

建筑室内空间常用的石材有:细花白、雪花白、大花白、卡拉拉白、水晶白、雅士白、爵士白、汉白玉、白木纹、超白洞石、罗马洞石、米黄洞石、金花米黄、罗马米黄、帝国米黄、旧米黄、阿曼米黄、象牙米黄、西班牙米黄、铂金米黄、嫦娥米黄、白沙米黄、帝王金、法国流金、梵高金、金蜘蛛、金蓝玉、桔子玉、黑金花、珊瑚红、挪威红、土耳其玫瑰、大花绿、浅啡网、深啡网、啡钻、黑金砂、黑白根、灰木纹、意大利灰、古堡灰、云朵拉灰、灰网纹、帕斯高灰、土耳其灰等。

2) 地砖

地砖具有质坚、耐压、耐磨及防潮的特性,经上釉处理,起到装饰作用。地砖的花色、品种非常多,可供选择的余地大,按材质可分为釉面砖、通体砖、防滑砖、抛光砖、玻化砖等。常用的地砖规格有正方形 300mm×300mm、600mm×600mm、800mm×800mm,现在也有长方形 600mm×1200mm 等规格。

当前较为流行且效果较好的是仿石材地砖,花纹为大理石花纹,价格较天然石材低;还有一种仿木纹砖,视觉效果跟木地板相同,防潮,可以铺设于有水或有地暖的地方,如厨卫空间;此外水磨石地砖也是最近较为流行的复古类花纹地砖品种。

3) 木地板

木地板分为实木地板、实木复合(三层、多层)地板、强化地板、竹地板、石塑复合仿木地板等。

实木地板:是木材经烘干、加工后形成的地面装饰材料,花纹自然,脚感较好,施工时需要先安装木龙骨和防潮纸,安全环保、装饰效果好,但价格较贵且后期需要日常维护保养。

实木复合地板:以实木为面板,以实木拼板为芯,以单板为底层的三层结构实木复合地板;或以实木为面板,以胶合板为基材制成的实木复合地板。价格次于纯实木地板。

强化地板:是以原木为原料,经过粉碎、添加黏合及防腐材料后,加工制成的地面铺装型材。价格次于实木复合地板。

竹地板:是一种新型建筑装饰材料,它以天然的优质竹子为原料,经过复杂的工艺脱水,经高温高压拼压,再刷 3 遍油漆,最后由红外线烘干而成。竹地板有竹子的天然纹理,清新文雅,给人高雅脱俗的感觉。

石塑复合仿木地板:人工模仿天然木材的纹理,工装工程使用较多,性价比高,需胶水和不用胶水的锁扣产品均有。

4. 主要立面及剖立面设计

深化并明确空间中各个立面及剖立面的造型（包括固定家具、设施、隔断）、界面装饰、色彩、材质以及它们分布的位置。剖面图主要用来表示室内空间造型的内部构造、施工工艺等。特别要注意表达即使没有剖切到，但在剖视方向能看到的建筑构件。剖切到的部分轮廓线用粗实线表示，没有剖切到但可见的部分轮廓线用细实线表示。被剖切到的材质需要填充相应的纹样。

立面及剖立面的表达需要注重以下内容：

（1）立面及剖立面的造型、尺寸及标高；

（2）立面及剖立面的界面装饰及图案肌理的表达；

（3）立面及剖立面的色彩表达；

（4）立面及剖立面的材质及施工工艺表达；

（5）立面及剖立面的隐藏设备、管线的表达；

（6）立面及剖立面在平面上的位置分布。

5. 其他相关专业技术协调落实

除了固定空间的装饰设计之外，还需与以下相关专业负责人或厂商协调确定各个专业技术平面、顶面、立面、剖面的位置分布，以满足舒适的居住和使用要求。

（1）暖通空调系统

空调分供冷、采暖、新风等几种类型。暖通空调系统可以调节室内环境的温度与湿度，营造良好的、温度适宜的内环境。空调的设置与室内设计有直接关系，它将直接影响室内吊顶的高度与形状。

（2）智能化家居系统

家庭安防系统，包括智能门锁、摄像头监控、烟感、警报等设备；家庭设备自动化系统，包括智能灯光控制、智能窗帘、智能空调、智能新风、智能家电等设备；家庭通信系统，包括智能语音等设备。这些也会直接影响空间设计中的强电走线、电源预留和弱电布置。

（3）音响系统

音响系统主要是指酒店空间、娱乐空间、剧场空间的音乐音响系统，涉及专业的声学设计，需专业厂商做相应设计并预留相关点位。

（4）电气系统

公共空间室内对于用电的要求很高，电源的选择、照明环境的区分、灯具的选择及照度的要求在室内设计时都应给予足够的关注。室内设计的电气系统可分为强电（电力）和弱电（信息）两部分。强电指 220V 电压的线路，主要是照明、插座、空调和其他家用电器的电源线；弱电指网络、电话和电视线，还有防盗监控系统的线路。在设计时，要了解电气系统的铺设现状，分清强电与弱电线路，在布线时要避免强弱干扰。如果是改造项目，新的室内空间功能与原始建筑功能不一致时，就需要重点考虑强电的设置，了解原始建筑强电的配置情况，并根据新的功能需求加以调整、设计。

（5）给水排水系统

给水排水系统包括建筑内部生活、生产用的冷、热水供应和污水排放。通常在土建施工阶段就应进行给水排水管道的铺设。与室内设计有密切关系的主要是与用水和排污有关的设备。不同的用水和排水处理方式需要不同的设施及设计、安装方式。在进行室内设计时，设计师需要充分考虑这些设施在安装、使用以及后期维护过程中必要的条件及要求。

（6）厨房设备

相较于家用厨房设施设备，餐饮空间设计中厨房的设备系统和动线更加复杂和讲究。在餐厅等餐饮空间的详细设计阶段，应与专业厨房设计公司或机构进行充分沟通和对接，或直接请设备厂家指派专业人员进行厨房的布置设计。

（7）消防系统

相较于住宅空间来说，公共空间的消防系统是不可忽视的重要设施设备。其包括室内消防栓给水系统及布置；烟雾感应装置、火灾自动报警铃、自动喷淋灭火系统及布置；其他固定灭火设施及布置；机械防排烟、防火卷帘、防火门、应急疏散设施及通道的布置等内容。在设计时需要考虑以上消防设施的原始位置以及根据设计调整后的布置和安装方式。如果设计上需要更改建筑原有的消防设施位置，需要提请权威的消防系统设计部门审查，或是请专业消防设计人员或单位进行专项设计。

4.1.2 空间效果呈现

通过三维透视效果图或虚拟模型空间的绘制，直观查看空间视觉效果，甚至在模拟的虚拟现实空间中行走，检验空间尺度。空间效果呈现的具体形式有静态的手绘效果图、电脑渲染效果图、实体模型；动态的空间动画视频、4D 空间场景；交互的 720° 全景空间效果图、VR 虚拟现实空间体验、全息投影空间等。

4.1.3 施工工艺技术设计

施工工艺技术以及详细构造节点设计是使方案落地、满足实际施工的重要内容，实际上就是剖面图未表达清楚的有关部位局部放大图。详细设计阶段应绘制出主要或有难点的节点构造详图，明确所有节点的造型尺寸，再依据节点造型尺寸修改完善相关平面、顶面、地面、立面、剖立面图，最后编制节点图表以明确节点数量和位置。

4.1.4 活动陈设设计

不同时代、不同风格、不同流派的陈设也有所不同（表 4-1）。应在市场上挑选与空间调性搭配的活动陈设，包括家具、灯具、植物、织物、艺术品摆件五大类别。挑选时需关注陈设的尺寸、形态、色彩、材质以及陈设品在空间中安放的位置。除此之外，灯具的挑选还需考虑光源照明形式；植物的挑选应考虑摆放位置的光照条件、灌溉养护的难易程度、气味等因素，也可选择仿真植物以美化空间；织物的选择应重点关注织物的颜色与图案；艺术品摆件的挑选应注意数量不需要太多，只需要少量的精彩作品以起到点睛的作用。

值得注意的是，陈设品中的家具是指活动家具，固定家具的设计如护墙板等划分到固定空间设计中完成。

陈设的主要风格和流派　　　　　　表4-1

中国传统风格	西式古典风格	其他地域风格	现代陈设流派
夏商周	古希腊、古罗马	古埃及风格	高技派
秦汉三国	哥特式	印度传统风格	后现代派
隋唐五代	文艺复兴	日本传统风格	孟菲斯
两宋	巴洛克、洛可可	伊斯兰风格	装饰艺术派
元明清	美国殖民时期风格	东南亚风格	极简主义
	新艺术运动风格	地中海风格	抽象派（风格派）
	新古典主义式	混搭式	

4.2　表达的具体形式及案例

详细设计阶段的成果表达方式十分多元化，有分项的各类图纸文件，甚至实际制作的样品或材料样板。如果设计方案需要用于参加竞赛或评审，则需要用到汇总的表达方式，即多样化的表达方式汇总编排成一套文本或展板来呈现；如果设计方案需要汇报，还可以运用PPT、视频动画等形式给客户进行汇报、讲解。

4.2.1　本阶段的分项表达方式

1.固定空间详细设计

固定空间详细设计的内容包含所有硬装部分的设计落实，内容较多且杂，主要以手绘或电脑绘制的各类图纸进行表达。

（1）平面系列主要图纸

平面系列主要图纸包括平面布置图（图4-1）、顶棚平面布置图（图4-2）、地面铺装图（图4-3）。图4-1~图4-3高清大图扫描二维码13查看。

（2）立面系列主要图纸

立面系列主要图纸包括主要立面图（图4-4）、主要剖立面图（图4-5）。图4-4、图4-5高清大图扫描二维码14查看。

（3）造型或界面装饰设计图

造型或界面装饰设计图包括空间透视图、空间轴测图、界面装饰平面位置分布图、界面装饰透视图、界面装饰轴测图及立面尺寸放样图。

知识拓展

建筑空间离不开造型。造型是空间主题的体现，是空间线索的传递，是视觉美感的载体。我们可将建筑室内空间的造型分类成正形和负形（图4-6、

13- 图 4-1~图 4-3 高清大图

14- 图 4-4、 图 4-5 高清大图

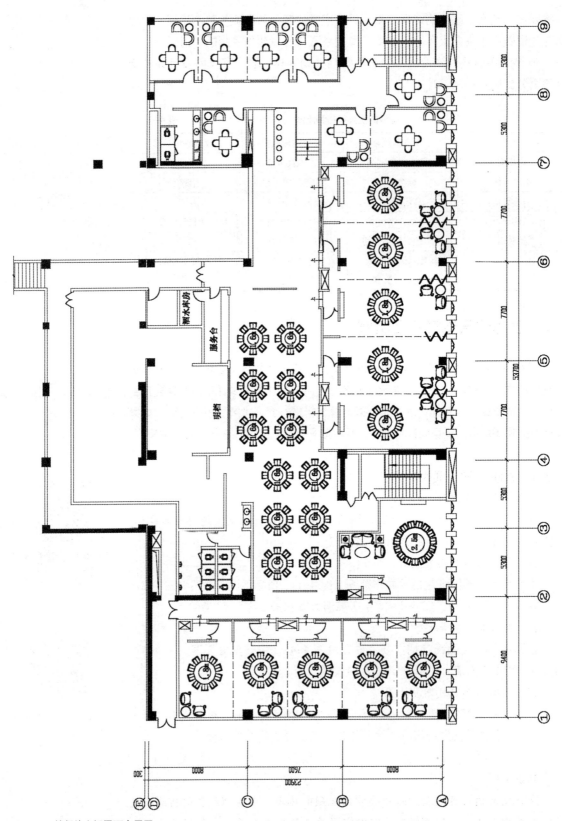

图 4-1 某餐饮空间平面布置图

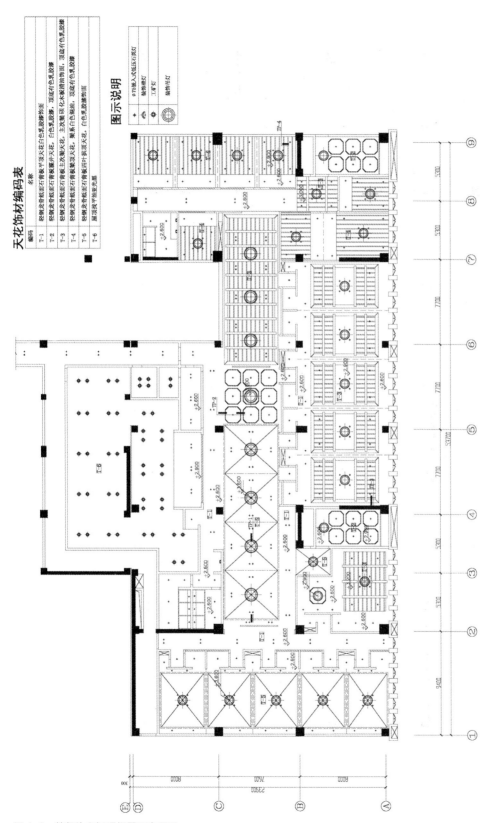

天花饰材编码表

编码	名称
T-1	轻钢龙骨纸面石膏板平顶天花白色乳胶漆饰面
T-2	轻钢龙骨纸面石膏板藻井顶天花，白色乳胶漆，顶底有色乳胶漆
T-3	轻钢龙骨纸面石膏板主次梁天花，主次梁碳化木板清油饰面，顶底有色乳胶漆
T-4	轻钢龙骨纸面石膏板凝集顶天花，聚系白色墙油，顶底有色乳胶漆
T-5	轻钢龙骨纸面石膏板四叶撑顶天花，白色乳胶漆饰面
T-6	厨顶喷平抽亚光顶

图示说明

⊕	φ75嵌入式低压石英灯
⊡	装饰吸顶灯
◉	工矿灯
◎	装饰吊灯

图 4-2 某餐饮空间顶棚平面布置图

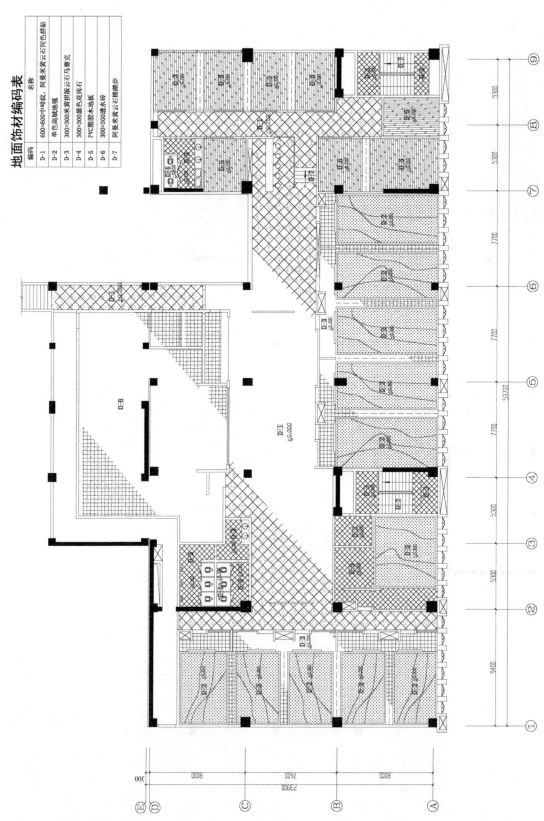

图4-3 某餐饮空间地面铺装图

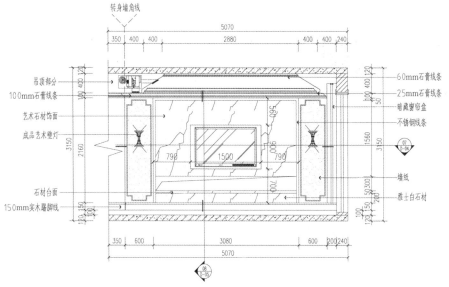

转身墙角线

吊顶部分
100mm石膏线条
艺术石材饰面
成品艺术壁灯

石材台面
150mm实木踢脚线

60mm石膏线条
25mm石膏线条
暗藏窗帘盒
不锈钢线条

墙纸

雅士白石材

（03/IE03） **EXISTING PLAN**
客厅立面03　　Scale 1：30

图 4—4
某卧室主要立面图

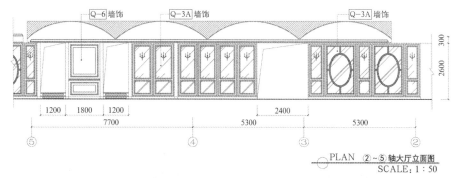

Q—6 墙饰　　　Q—3A 墙饰　　　　　　　Q—3A 墙饰

——○ **PLAN** ②~⑤轴大厅立面图
SCALE：1：50

图 4—5
某餐饮空间主要剖立
面图

图 4—6
月牙形状的接待台为
空间中的正形（图源：
唯想国际　摄影师：
SFAP）

4　详细设计阶段的思维表达　**87** ·

图 4-7）：站在室内空间中看，存在于凸出（占据）空间的造型为正；由空气充满的空间造型则为负。

　　建筑空间中的造型千变万化、形态各异，但可总结分类成以下三种正形（单独形、界面形、框架形），一种负形（空气形）。

　　单独形：空间中类似雕塑一般的独立造型，通常会成为视觉焦点（图 4-8）。

　　界面形：在空间中的天花板、地面、墙或隔断等界面上，有起伏、镂空、裁剪、折叠、卷曲等造型（图 4-9）。

图 4-7
洞穴形状的空间负形
（左）
图 4-8
云朵形状的装置桌椅
为空间中独立的正形
（图源：AAN 建筑设计
事务所）（右）

图 4-9
顶面及墙面的界面造型

　　框架形：以线形框架作为空间中的正形（图 4-10）。

　　空气形：空气充满的空间形，为虚形、负形。通常来自建筑的围合造型（图 4-11）。

　　建筑空间中的界面装饰存在于空间中的天花板、地面、墙或隔断等各个界面上，主要体现为立体的触觉肌理和平面的视觉肌理（图 4-12、图 4-13）。

　　1）空间透视图

　　空间透视图主要用来表现三维空间的整体或局部效果。其是通过手绘或模型软件，模拟人眼近大远小的透视规律描绘的三维效果图（图 4-14~ 图 4-18）。

图 4—10
框架形（图源：芝作室
摄影师：Dirk Weiblen）
（左）

图 4—11
斜顶与墙地面围合成
的空间负形（右）

图 4—12
墙面上的立体触觉肌
理（图源：芝作室 摄
影师：Peter Dixie）（左）

图 4—13
地面及顶面上镜面倒
映的平面视觉肌理（图
源：唯想国际 摄影
师：SFAP）（右）

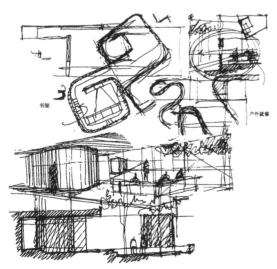

图 4—14 某空间造型手绘透视图

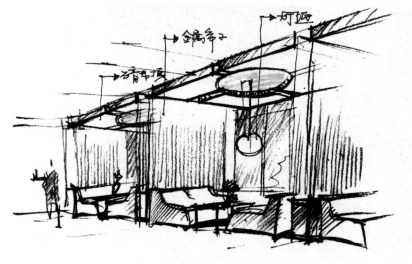

图 4—15
以圆形吊顶为界面造
型的局部手绘透视图

图 4—16
某服装店局部造型手
绘透视图

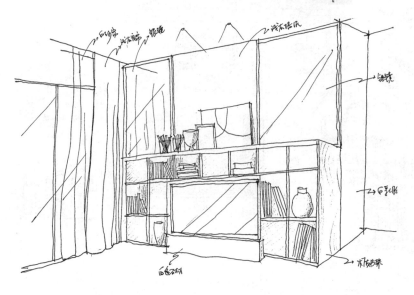

图 4—17
某住宅局部造型手绘
透视图

2）空间轴测图

空间轴测图与透视图相似且同样能够表达三维空间和造型，但区别于透视图的是：所有在空间中实际平行的线，在轴测图中也都是平行绘制（图4-19~图4-22）。

图4-18
以"尖顶房屋"为主题界面造型的整体空间透视效果图

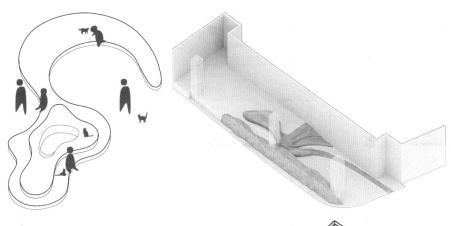

图4-19
空间中局部的造型轴测图（图源:壹所设计）（左）

图4-20
以山地为主题的空间中"山地"造型的轴测图（图源:戴璞建筑事务所）（右）

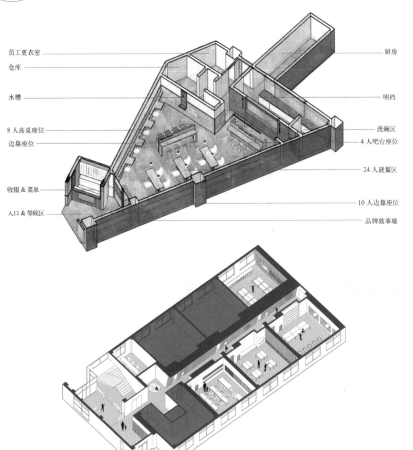

员工更衣室
仓库
水槽
8人高桌座位
边靠座位
收银&菜单
入口&等候区

厨房
明档
洗碗区
4人吧台座位
24人就餐区
10人边靠座位
品牌故事墙

图4-21
某餐厅整体轴测图（图源:拾集建筑XU Studio）

图4-22
整体轴测图

3）界面装饰平面位置分布图

如果有多个界面装饰为相同的处理手法，可在平面布置图上标记出位置分布，便于通览该界面装饰在空间中的位置（图4-23，高清大图扫描二维码15查看）。

4）界面装饰透视图

界面装饰透视图是指主要表现局部界面装饰的三维透视效果图（图4-24）。

15- 图4-23 高清大图

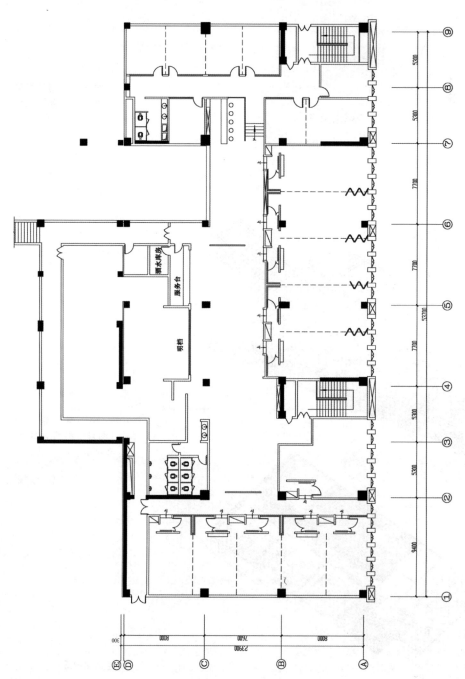

图4-23
某餐饮空间标红墙体为同一种界面装饰在平面上的位置分布图

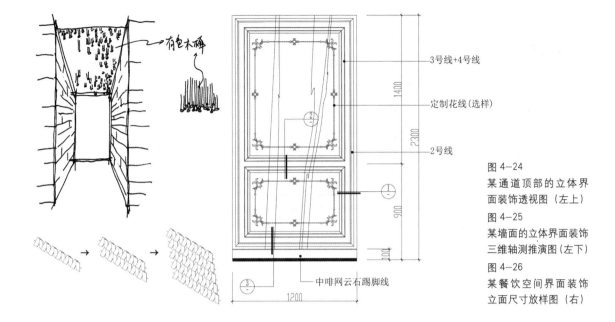

图 4—24
某通道顶部的立体界
面装饰透视图（左上）
图 4—25
某墙面的立体界面装饰
三维轴测推演图（左下）
图 4—26
某餐饮空间界面装饰
立面尺寸放样图（右）

5）界面装饰轴测图

界面装饰轴测图是指主要表现局部界面装饰的三维轴测效果图（图 4—25）。

6）立面尺寸放样图

立面尺寸放样图应标明立面造型尺寸至能够施工为止（图 4—26）。

（4）色彩设计

色彩设计的表达包括色彩配比图、彩色平面图、彩色地坪图、彩色立面图、
彩色三维效果图及色彩配置表。

有人曾说"色彩是表现空间效果成本最低的手段"。我们在实施建筑空间
项目的同时往往需要控制成本，客户通常希望最终的空间既出效果又省钱。色
彩相较于用造型来美化空间，无疑能够大大减少成本。因此，色彩设计是空间
设计中的重要内容。和谐的色彩会给人们带来愉悦的身心体验，让人们获得美
的空间享受。

建筑空间中的色彩由硬装部分的色彩和软装部分的色彩构成。硬装部分
墙、顶、地、门窗的色彩，结合软装部分家具、窗帘、床品、地毯、植物、装
饰画的色彩，形成协调统一的空间色彩印象。

建筑空间中的色彩搭配可以遵循以下几种方法：

单一色搭配——即同一种色相下的不同明度（深浅明暗）和纯度（艳灰
净浊）进行搭配，可创造出宁静协调的氛围，避免色彩过多而花哨。此种搭配
多用于卧室，如墙壁、地板使用最浅的色度，床上用品、窗帘、椅子使用同一
颜色但较深色度，杯子、花瓶等小物品用最深的色度。同时选用一个对比的元
素增加视觉趣味。

类似色搭配——即色环上相近或视觉上较为接近的颜色（图 4—27），它们
不会互相冲突，会让空间获得协调性平和的氛围。这些颜色适用于客厅、书房。

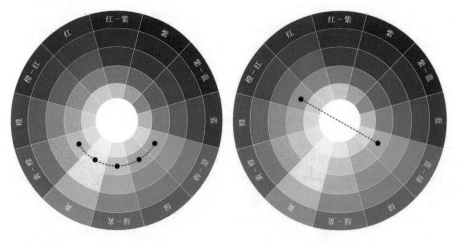

图 4-27
色环上的类似色（左）
图 4-28
色环上的互补色（右）

为了色彩的平衡，应使用相同饱和度的不同颜色。

互补色搭配——选定一种背景色或主色，选择色环上在它正对面的颜色作为辅色（图 4-28），再加入无彩色进行调和，会形成鲜明的撞色艺术效果。例如把红和绿、蓝和黄这样的两种颜色安排在一起，可使房间充满活力、生气勃勃。家庭活动室、儿童房、游戏室甚至是家庭办公室均适合采用这种色彩搭配。

黑白灰搭配——无彩色黑白灰搭配往往效果出众，给人清冷、工业、现代、利落的感受。棕、灰等中性色是近年来装修中很流行的颜色，这些颜色很柔和，不会给人过于强烈的视觉刺激，是打造素雅空间的色彩高手。但为避免过于僵硬、冷酷，通常可以点缀木色或红色等对比强烈的暖色进行调和。

色彩提取搭配——有时我们看到一张照片或绘画作品，会由衷赞叹它的色彩搭配很漂亮，这时也可以将这张照片的色彩提取出来，作为一套配色应用到空间设计中，这样能有效降低自己搭配色彩的风险（图 4-29、图 4-30）。

建筑空间中的色彩配比也有一些符合大众审美的技巧和原则（图 4-31）。我们可以遵循 6 : 3 : 1 的色彩搭配原则（表 4-2），即背景色占 6 成，主色占 3 成，点缀色占 1 成的空间色彩占比，以符合大众审美。

图 4-29
从自然界中提取的色彩搭配（左）
图 4-30
从绘画作品中提取的色彩搭配（中）
图 4-31
色彩搭配示例（右）

色彩角色	背景色	主色	点缀色
占比	60%	30%	10%
应用位置	墙、地、顶、门窗、地毯等大面积的色彩	家具、织物等较大面积的色彩	抱枕、餐具、摆件、挂画、灯具等较小面积的色彩
特点	通常为黑白灰无彩色或较灰的低彩色	通常起视觉主导作用	通常为点亮空间的高明度、高纯度的鲜艳色
备注	三种色彩角色中，有可能不止一种色相，或不止一种纯度和明度		

知识拓展

　　当前在住宅空间中流行有一定灰度的配色，最风靡的要数莫兰迪色系了。这种配色来自意大利画家和版画家乔治·莫兰迪（Giorgio Morandi）所绘制的静物绘画（图4-32）。自此，带有一定灰度的色调在室内空间中广泛应用（图4-33）。

1）色彩配比图
色彩配比图用来表现色彩所占面积比例（图4-34）。
2）彩色平面图
彩色平面图用来表现平面布置的色彩与材质（图4-35）。
3）彩色地坪图
彩色地坪图用来表现地面铺装的色彩配置（图4-36）。

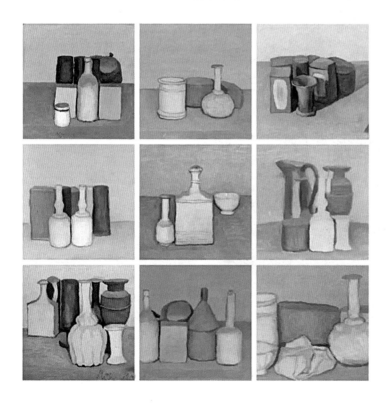

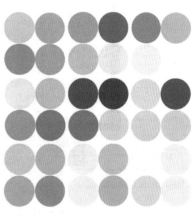

图4-32

乔治·莫兰迪所绘制的静物绘画和灰度配色

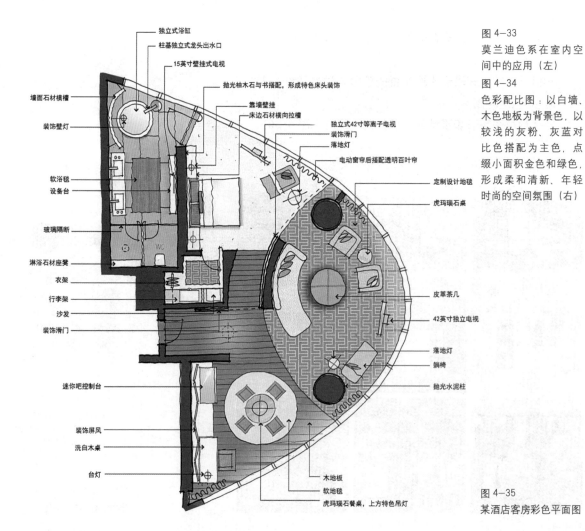

独立式浴缸
柱基独立式龙头出水口
15英寸壁挂式电视
抛光柚木石与书搭配，形成特色床头装饰
墙面石材横檐
靠墙壁挂
装饰壁灯
床边石材横向拉槽
独立式42寸等离子电视
装饰滑门
落地灯
电动窗帘后搭配透明百叶帘
软浴毯
设备台
定制设计地毯
虎玛瑙石桌
玻璃隔断
淋浴石材座凳
衣架
行李架
沙发
皮革茶几
装饰滑门
42英寸独立电视
落地灯
躺椅
迷你吧控制台
抛光水泥柱
装饰屏风
洗白木桌
台灯
木地板
软地毯
虎玛瑙石餐桌，上方特色吊灯

图 4-33
莫兰迪色系在室内空间中的应用（左）

图 4-34
色彩配比图：以白墙、木色地板为背景色，以较浅的灰粉、灰蓝对比色搭配为主色，点缀小面积金色和绿色，形成柔和清新、年轻时尚的空间氛围（右）

图 4-35
某酒店客房彩色平面图

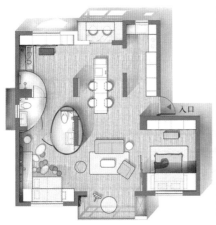

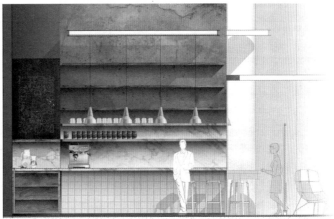

4）彩色立面图

彩色立面图用来表现立面的色彩配置与材质（图 4-37）。

5）彩色三维效果图

彩色三维效果图主要用来表现色彩在空间中的透视或轴测效果（图 4-38、图 4-39）。

6）色彩配置表

色彩配置表是指用图表文字的形式表达不同空间的色彩配置。需要注意，色彩配置表 I（表 4-3）由位置来分类色彩，色彩配置表 II（表 4-4）由色彩来对应位置，在实际设计过程中，选择其中一种表达即可。

（5）材质设计

材质设计的表达包含侧重材质的平面图、立面图、透视图、轴测图、材质实样搭配样板及材质编号图表。

材质的设计不仅需要考虑与整体风格的协调、美观，还需注重空间的适用性，如易清洁、耐用、安全等因素。例如，餐厅、厨房空间容易洒落食材弄

图 4-36
仙境之家彩色地坪图
（左）

图 4-37
SU+PS 制作的立面图
（右）

图 4-38
手绘空间色彩效果图
（左）

图 4-39
拼贴风格的空间色彩
效果图（右）

色彩配置表 I　　　　　　　　　　　　　　　表4-3

	背景色				主色			点缀色	
	顶面	地面	墙面	…	固定家具	活动家具	…	摆件	…
客厅									
餐厅									
厨房									
主卧									
次卧									
儿童房									
书房									
主卫									
次卫									
……									

色彩配置表 II　　　　　　　　　　　　　　　表4-4

		色彩	位置
硬装部分	顶面		
	地面		
	墙面		
	…		
软装部分	家具		
	灯具		
	织物		
	摆件		
	植物		
	…		

脏地板，因此地面材质常用地砖或水磨石，橱柜台面常用人造石或不锈钢，墙面常用墙砖，顶面常用石膏板涂刷厨卫专用防水乳胶漆吊顶或铝扣板吊顶等具有一定强度、耐擦拭和耐水的材料。

建筑空间中材质的设计通常关注肌理和质感两个方面（表4-5），以对比的手法体现其层次感（图4-40~图4-43）。

材质的对比原理　　　　　　　　　　　　　　表4-5

肌理		质感
立体肌理（天然或人造）	平面肌理（天然或人造）	平滑与粗糙
		坚硬与柔软
		温润与冷峻
		反光与哑光
		通透与封闭
		透明与非透明
		镜像与非镜像
		反射与非反射

图 4—40
墙面上天然的大理石平面肌理与浴缸的人造多棱面立体肌理形成对比，但却通过共有的黑色获得统一的视觉效果（左）

图 4—41
水磨石的点状人造偶发纹理与黑色大理石的自然纹理形成对比，但却又都统一在平面纹理之中（中）

图 4—42
黑镜与木地板、乳胶漆墙面、清水混凝土柱形成镜面与非镜面的质感对比，同时也给人虚与实、真与假的迷幻（右）

有的空间除了表现材质的对比，还能表现材质的"同一性"。即用少量形状相近、肌理和质感相似的两三种材料贯穿空间的各处，形成统一和谐的视觉效果（图 4-44）。

知识拓展

水磨石近年来在复古风潮的带领下重回大众视野。其是将大理石或花岗岩的碎石混入水泥及树脂制作而成的人工石材，表面纹理呈颗粒状，根据混入的碎石和颜料可以打造出天然大理石中没有的独特图案。因其优越的耐磨性，常被用作地板材料，不过近年来也有地面和墙面都采用水磨石的设计案例。水磨石可以现场浇筑、打磨、施工，也能采购现成的水磨石砖铺设（图 4-45）。

1）材质平、立面图
在平、立面图基础上着重模拟材质的纹理和质感（图 4-46、图 4-47）。

图 4-43
红砖所砌成的墙面与白色乳胶漆墙面、白色自流平地面形成粗糙与平滑的质感对比（左）

图 4-44
半围合的环形空间材质十分统一：墙面、地面、家具均选用木制；环形空间之外的环形通道选用的材质也十分统一：灰色水磨石、灰色水泥墙面及顶面两者各自统一，却互相对比；灰色水磨石及水泥的冰冷与木制的温润形成质感的对比，达到一种温度上的感官平衡（图源：BE-Hive 致野建筑及环境设计事务所）（右）

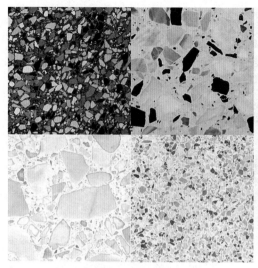

图 4—45
水磨石及其在空间中的应用

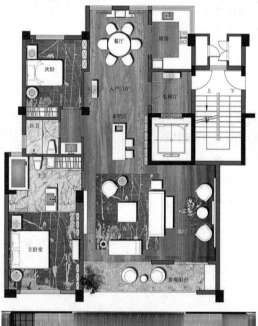

图 4—46
某住宅体现材质的平面图（左上）

图 4 47
某大堂表现材质和色彩的立面图（左下）

图 4—48
SU+PS 制作的表现材质和色彩的透视效果图（右上）

图 4—49
材质样板图（右下）

2）材质透视、轴测图

材质透视、轴测图主要用来模拟表现材质的纹理和质感在空间中的透视或轴测效果（图 4-48）。

3）材质实样搭配样板

将计划用在空间中的主要硬软装材质小样组合在一起形成材质样板，既能控制和指导后期施工中的材料采购、颜色花纹选样，还能大致呈现空间中材质搭配的感受（图 4-49）。

4）材质编号图表

根据选定的材质样板，在材质编号图表中标注清楚每种材质的代码、名称、型号、规格、品牌、应用位置（表4-6）。

某医院项目的材质编号表					表4-6
类别	代码	名称	型号规格	应用位置	品牌
涂料 –PT	PT–01	白色乳胶漆	详设计选样	天花	
	PT–02	防水乳胶漆	详设计选样	卫生间天花	
石材 –ST	ST–01	云朵拉灰石材	详设计选样	大厅地面浅色石材及门槛石	
	ST–02	意大利灰	详设计选样	大厅地面拼花	
	ST–03	雅士白石材	详设计选样	地面白色边带及踏步，病房石材	
	ST–04	毛石	详设计选样	墙面造型	
	ST–05	阿曼米黄	详设计选样	大厅地面拼花	
地毯 –CP	CP–01	阻燃拼花地毯	详设计选样	一层走廊及楼梯间地面	
墙布 –WC	WC–01	墙布饰面	详设计选样		
面砖 –CT	CT–01	仿石材墙砖	详设计选样	卫生间墙面 300mm × 600mm	
	CT–02	仿石材地砖	详设计选样	卫生间地面 300mm × 300mm	
	CT–03	仿石材地砖	详设计选样	后勤员工区域 800mm × 800mm	
玻璃 –GL	GL–01	12mm 钢化玻璃	详设计选样	玻璃隔断	
	GL–02	钢化夹胶玻璃栏杆	详设计选样	6+0.76+6（mm）钢化夹胶玻璃栏杆	
镜子 –MR	MR–01	6mm 厚银镜	详设计选样	卫生间	
金属 –MT	MT–01	玫瑰金不锈钢	详设计选样	不锈钢线条等	
	MT–02	拉丝不锈钢	详设计选样	不锈钢踢脚线	
软硬包 –UP	UP–01	布艺硬包	详设计选样	墙面及柱面	
地胶 –GU	GU–01	仿地毯地胶	详设计选样	二层走廊地面	
木饰面 –WD	WD–01	白色生态木吊顶	详设计选样	电梯厅	

（6）照明设计

照明设计表达包括顶、墙、地灯具位置分布图；灯具开关布线图；灯具图表。

室内灯光设计其实是一门非常系统并且专业的学科，室内设计师必须掌握一些照明设计的基本原则。室内的灯光大致可以分为三大类：基础照明、重点（装饰）照明以及工作照明（图4-50）。

基础照明（General Lighting），顾名思义就是满足基础照明需求，也就是让整个空间亮起来的照明。常用的包括吊灯、吸顶灯、筒灯等。

重点照明（Accent Lighting），也称装饰照明，是指定向照射的某一特殊物体或者区域，以引起注意的照明方式。常用的包括射灯、壁灯、嵌灯、阶梯灯等。

工作照明（Task Lighting），是指在室内人为地创造光亮环境，以满足人们学习、工作、生活的需求，例如书房、厨房这些区域的照明。

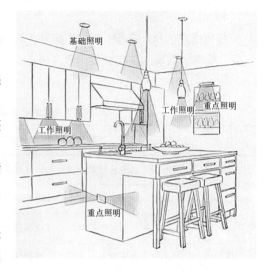

图4-50
基础照明、重点照明、工作照明在住宅餐厨空间中的分布示意

知识拓展

光源性质的三要素为：照度、色温、显色性。

照度是指被照射平面上单位面积的亮度，单位为勒克斯（lx）。照度决定光源的亮度。举例来说，阅读、工作照度标准是300~350lx。像厨房操作台、餐桌上方等最适合的照度，这些都有国家相关可查询的标准（表4-7）。

<table>
<tr><td colspan="3">室内空间照度标准值</td><td>表4-7</td></tr>
</table>

房间或场所		参考平面及其高度	照度标准值（lx）
起居室	一般活动	高0.75m水平面	100
	书写、阅读		300
卧室	一般活动	高0.75m水平面	75
	床头、阅读		150
餐厅		高0.75m餐桌面	150
厨房	一般活动	高0.75m水平面	100
	操作台	台面	150
卫生间		高0.75m水平面	100

简易计算室内空间照度的公式如下：

$$照度 \approx 灯具数量 \times 灯具功率（W）\times 发光效率 \div 面积$$

例如：某客厅45m²，安装8盏25W的LED筒灯，其照度为：

$$8 \times 25 \times 80 \div 45 \approx 355lx$$

上述公式中提到了发光效率，不得不提"光通量"的概念。光通量是指人眼所能感觉到的辐射功率，它等于单位时间内某一波段的辐射能量和该波段的相对视见率的乘积，光通量的单位为"流明"（lm）。不同的灯具根据其发光效率会产生不同的光通量，常用灯具发光效率如下：

日光灯：每瓦特（W）产生约 50~80lm

白炽灯：每瓦特（W）产生约 10~15lm

LED 灯：每瓦特（W）产生约 50~100lm

射灯：每瓦特（W）产生约 20lm

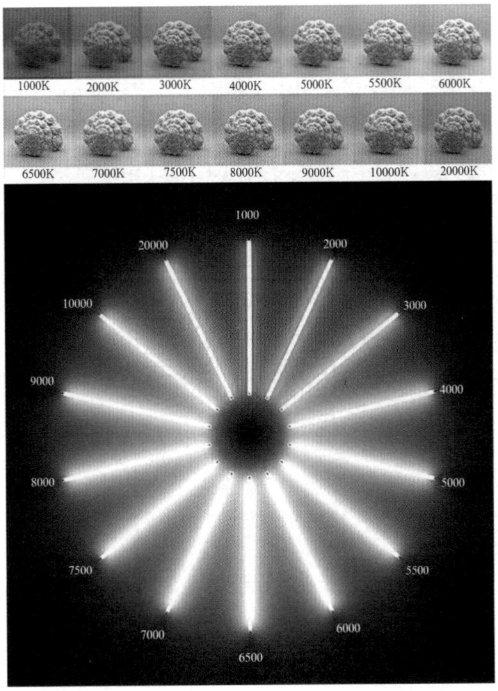

图 4-51
不同色温值对应的光色

色温决定光源的冷暖色调，其是照明光学中用于定义光源色彩的一个物理量，单位为卡尔文（K）。色温应根据空间的功能酌情选择，太暖夏天容易觉得燥热，太冷又没有空间氛围（图 4-51）。例如，住宅中客厅常用 4000~5000K 的中性光，而卧室则常用 3000~4000K 的暖白光。

显色性决定光反射的色彩品质，即光源对物体颜色的呈现程度，可以理解为颜色的逼真程度，单位是百分比。国际照明委员会（CIE）将太阳光的显色指数（Ra）定为 100，并规定了 15 个测试颜色，用 R1~R15 分别表示显色指数。例如：很多灯具产品信息中会有 Ra > 90（R9 > 50）等类似标注法。Ra > 90 就表明该灯具的显色性对多种自然色还原程度很高，R9 > 50 表明该灯具对红色物体有很好的颜色还原能力。光源显色指数百分比越大越好，家庭照明 Ra 不能低于 85，像厨房、餐厅这些空间需要格外注意（图 4-52）。

Ra>90

Ra<80

图 4-52
上图的光源显色指数较下图大，因此色彩还原度更高。光源的高显色性在餐饮空间特别重要，高显色指数的光源可以让食物看起来更美味

1）顶、墙、地灯具位置分布图

明确灯具在平面、顶面、墙面的位置及效果（图 4-53~ 图 4-58）。

图 4-54 高清大图扫描二维码 16 查看。

2）灯具开关布线图

明确开关的位置、灯线的串联并联、灯具的单双控（图 4-58）。

3）灯具图表

明确空间中灯具的名称、型号、颜色、光源参数、色温、显色性、开孔尺寸等信息（表 4-8）。

图 4-53
某住宅灯具布置平面
图（上）
图 4-54
某剧院空间顶棚灯具
布置图（下）

16— 图 4-54 高清大图

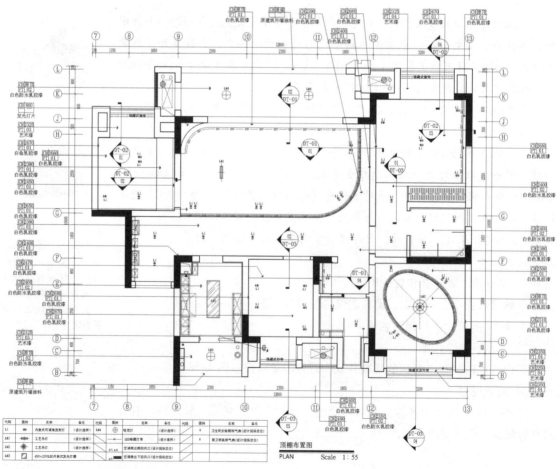

顶棚布置图
PLAN   Scale 1 : 55

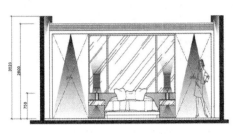

双人客房照明立面图

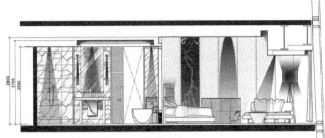

双人客房照明立面图

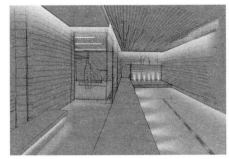

图 4—55
某酒店空间照明立面图

图 4—56
某水疗空间照明透视
草图（左）

图 4—57
某酒店大堂照明透视
效果图（右）

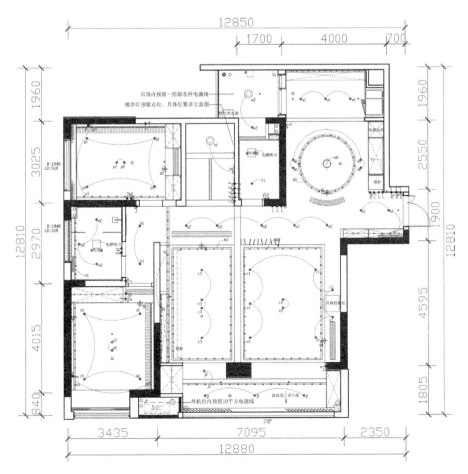

图 4—58
某住宅开关布线图

序号	灯具名称	型号	颜色	光源参数	色温	显色性	开孔尺寸 (mm)	备注
✳ L01	天花灯	PTH1032	YW	DC350mA，12V/3×3W/30°	3000K	Ra=80	φ=75	
✳ L02	天花灯	PTH1012	YW	DC480mA，19.8V/6×2W/15°	3000K	Ra=85	φ=75	
✳ L03	天花灯	PCL1054	YW	12V/MR16/3×2W/15°	3000K	Ra=80	φ=70	
⊗ L04	防水筒灯	PT10425	LW	DC350/12V/3×1W	3000K	Ra=80	φ=75	
⊕ L05	防雾筒灯	PTH10435	YW	DC480/12—18V/7W	3000K	Ra=80	φ=105	
✳ L06	格栅灯	PGH90111P	YW	PAR30/35W/20°	3000K	Ra=80	162×62	
⊕ L07	吸顶灯	PPC22	LW	T6/22W	3000K	Ra=80		
—— L08	LED 贴片灯带	PDD5050T—60		T5/28W/21W/14W/8W	2700K	Ra=80	外置安装	
灯饰图表								
L01	壁灯	配饰选购						
L02	镜前灯	配饰选购						
✳ L03	掉线灯	配饰选购						

2. 空间效果呈现

空间效果呈现的表达方式十分多元化，有手绘透视效果图（图 4-59）、电脑渲染效果图（图 4-60~ 图 4-63）、甚至是四维表现，如 VR 沉浸式虚拟场景体验等，但内容均侧重在空间整体效果的表现上。通常表现的部位是空间中设计的重点位置，表现的形式常以符合人眼视觉习惯的透视图为主。

这个阶段的空间效果呈现不同于概念设计阶段的草图推敲。概念设计阶段的空间效果呈现通常是设计帅画给自己或设计团队成员用于互相探讨和优化的，只需要自己能读懂就行，不在乎表现的精准和完美；而详细设计阶段，更

图 4-59
某科技公司手绘空间
效果图

多地是把已经经过几轮探讨修改并基本确定的方案表现出来，是思维的进一步深化，是更多细节的清晰呈现，最重要的还必须是客户能够看懂和理解的表达，因此相较于上一阶段的效果呈现，该阶段要求更加精美、精细和精确。

3. 施工工艺技术

虽说施工节点的绘制通常主要在施工图设计阶段进行，但本阶段就应该思考并落实一些主要的、或难点、或特殊做法的施工节点，可通过局部透视手绘或建立草图模型等方式进行表达（图4-64~图4-67）。

图4-60
某日式简约风格住宅效果图（上左）

图4-61
某轻餐沙拉店门头效果图（上右）

图4-62
某轻餐沙拉店吧台效果图（下左）

图4-63
某茶饮店效果图（下右）

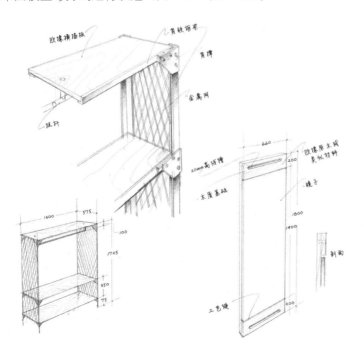

图4-64
主要节点、难点、特殊做法详图手绘

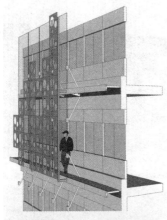

镂空铝板

暗藏发光灯管

彩色玻璃

方管(暗藏管线)

原建筑墙体

400 600

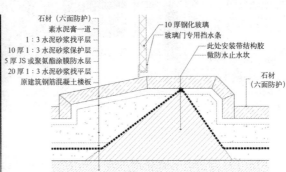

图 4-65
某建筑外立面玻璃及铝板装饰构造节点模型

石材(六面防护)
素水泥膏一道
1:3 水泥砂浆找平层
10 厚 1:3 水泥砂浆保护层
5 厚 JS 或聚氨酯涂膜防水层
20 厚 1:3 水泥砂浆找平层
原建筑钢筋混凝土楼板

10 厚钢化玻璃
玻璃门专用挡水条
此处安装带结构胶
做防水止水坎
石材
(六面防护)

图 4-66
卫生间淋浴房挡水石构造节点模型及详图

图 4-67
主要节点图表（图源：《室内设计纲要》叶铮著）

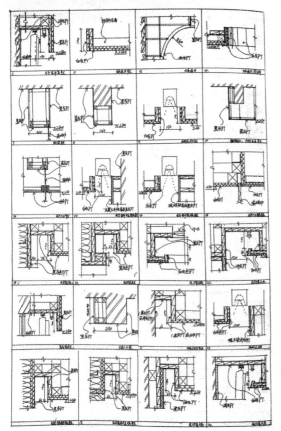

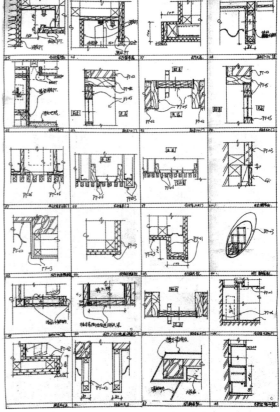

4. 活动陈设设计

虽说活动陈设设计通常是在一个空间设计项目进行到中后期才开始展开,但它的重要性不亚于固定空间设计。从当前市场上中高端客户愿意支付的工程费用来说,固定空间的施工费用与活动陈设的费用几乎各占一半,这样来看也能印证陈设的重要性。

活动陈设的内容包括五大类:家具、灯具、织物、植物、摆件。活动陈设的设计即是在设计这五大类内容的造型、色彩、材质和照明。

(1) 陈设色彩配比图

不同的陈设色彩搭配能够给人传递不同的情感,设计师应根据不同的室内空间特性选择恰当的陈设色彩进行分析和设计。

(2) 陈设材质配置图

陈设的材质应根据整体的空间调性来选择。例如想体现空间基调为轻奢风格,则较为适合选择皮质、丝绒布料、金属边条等材质组合。

(3) 陈设照明定位图

灯具陈设品自身能够发光,因此不需要额外照明,而大多数陈设品本身是不发光的,当空间需要强调它的时候,可以用光源将其照亮,例如墙上的绘画作品或是矮柜上的艺术摆件(图4-68)。

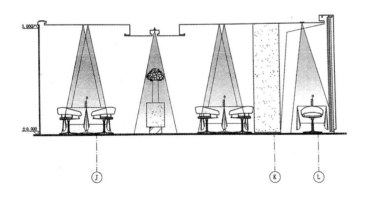

图4-68
陈设照明定位图(图源:《室内设计纲要》叶铮著)

(4) 软装搭配效果图

与固定空间的透视效果图类似,软装搭配效果图同样也是为了更加直观地模拟最终的软装造型、色彩、材质的搭配效果。

(5) 软装清单表

为了便于采购,需要将软装单品分类罗列成清单表,包括家具清单(表4-9)、灯具清单(表4-10)、织物清单(表4-11、表4-12)、摆件清单(表4-13、表4-14)、植物清单。

家具清单 表4-9

序号	位置	名称	图片	单位	数量	尺寸 (mm)	材料说明	备注
1	客厅	三人沙发		件	1	1900×850×700H	实木框架+布艺软包	

序号	位置	名称	图片	单位	数量	尺寸（mm）	材料说明	备注
2	客厅	单人沙发		件	1	680×740×710H	金属＋布艺软包	
3	客厅	休闲榻		件	1	1000×450×420H	金属＋布艺软包	
4	客厅	茶几		件	1	800×1200×420H	实木框架＋金属	
5	客厅	边几		件	2	500×500×630H	金属＋玻璃	
6	餐厅	餐桌		件	1	1600×900×760H	金属＋石材	
7	餐厅	餐椅		件	6	445×565×900H	实木框架＋布艺	
8	餐厅	餐边柜		件	1	900×350×1080H	实木框架	
9	主卧	床		件	1	1900×2205×1200H	实木框架＋皮革	
10	主卧	床头柜		件	2	600×450×550H	板木结合＋石材	
11	主卧	妆台		件	1	1800×450×750H	板木结合＋皮革	
12	主卧	妆凳		件	1	400×370×450H	金属＋布艺软包	
13	儿童房	书椅		件	1	490×420×820H	实木	
14	书房	书椅		件	1	550×510×850H	实木框架＋皮革	
15	老人房	床		件	1	1500×2045×1200H	实木框架＋布艺	
合计					22			

灯具清单 表4-10

序号	位置	名称	图片	单位	数量	尺寸（mm）	材料说明	备注
1	客厅	吊灯		件	1	D800×600H	水晶，合金	
2	客厅	台灯		件	2	D400×720H	水晶，合金，布艺灯罩	

序号	位置	名称	图片	单位	数量	尺寸（mm）	材料说明	备注
3	餐厅	吊灯		组	1	总长1500×总高700	亚克力，合金	
4	主卧	吊灯		件	1	D700×550H	玻璃，合金	
5	主卧	台灯		件	2	D350×500H	金属	
6	儿童房	吊灯		件	1	D550×650H	不锈钢，玻璃	
7	儿童房	台灯		件	1	D180×430H	铁艺，大理石	
8	书房	吊灯		件	1	D380×170H	金属	
9	书房	书桌灯		件	1	D150×500H	合金，大理石	
10	老人房	吊灯		件	1	D640×550H	铁艺，布艺灯罩	
11	老人房	台灯		件	2	D380×670H	大理石，电镀金属，布艺灯罩	
合计					14			

织物清单——窗帘、床品　　　　　　　　　　　　　　　　表4-11

序号	位置	名称	图片	单位	数量	尺寸（mm）	材料说明	备注
1	客厅	窗帘		副	1	3800×2800H	布艺窗帘+窗纱（含轨道、人工、辅料）	
2	餐厅	窗帘		副	1	2750×2800H	布艺窗帘+窗纱（含轨道、人工、辅料）	
3	主卧	窗帘		副	1	3500×2800H	布艺窗帘+窗纱（含轨道、人工、辅料）	
4	儿童房	窗帘		副	1	1800×2200H	布艺叠帘（含轨道、人工、辅料）	

序号	位置	名称	图片	单位	数量	尺寸（mm）	材料说明	备注
5	书房	窗帘		副	1	1800×2200H	布艺叠帘（含轨道、人工、辅料）	
6	老人房	窗帘		副	1	2800×2800H	布艺窗帘＋窗纱（含轨道、人工、辅料）	
7	卫生间	纱帘		副	2	700×1100H	纱柔百叶（含轨道、人工、辅料）	
8	主卧	床品		组	1	1800×2000	布艺	
9	儿童房	床品		组	1	1200×2000	布艺	
10	书房	榻榻米垫		组	1	1200×2000	环保棕加棉	
11	老人房	床品		组	1	1500×2000	布艺	
12	客厅	抱枕		组	1	常规	布艺（含芯）	
13	书房	抱枕		组	1	常规	布艺（含芯）	
合计					14			

注：窗帘尺寸需现场复尺，以现场尺寸为准。

织物清单——地毯　　　　　　　　　　　　　　　　　　　　　表4-12

序号	位置	名称	图片	单位	数量	尺寸（mm）	材料说明	备注
1	客厅	地毯		张	1	3000×2400	羊毛	
2	主卧	地毯		张	1	1800×2700	羊毛	
3	儿童房	地毯		张	1	D1000	羊毛	
4	阳台	地毯		张	1	1200×800	布艺	
合计					4			

艺术品摆件清单——挂画　　　　　　　　　　　　　　　　　　表4-13

序号	位置	名称	图片	单位	数量	尺寸（mm）	材料说明	备注
1	客厅（电视背景墙）	挂画		副	1	1300×1000	手绘油画	

序号	位置	名称	图片	单位	数量	尺寸 (mm)	材料说明	备注
2	客厅（侧墙）	挂件		组	1	350×350	金属＋镜面	
3	餐厅	挂画		组	1	600×600 400×300	装饰画芯＋木质画框	
4	通道	挂画		副	1	1200×600	手绘油画＋木质画框	
5	主卧	装饰画		副	1	1100×730	装饰画芯＋木质画框	
6	主卧	装饰画		组	1	320×320	装饰画芯＋木质画框	
7	儿童房	挂画		组	1	830×430	装饰画芯＋木质画框	
8	书房	挂画		副	4	350×500	装饰画芯＋木质画框	
9	老人房	挂画		副	2	500×700	装饰画芯＋木质画框	
10	卫生间	挂画		副	2	350×400	装饰画芯＋木质画框	
	合计				15			

注：所有挂画尺寸需后期深化，以深化图尺寸为准。

艺术品摆件清单——饰品 表4-14

序号	位置	名称	图片	单位	数量	尺寸	材料说明	备注
1	入户玄关	小景摆件		组	1	常规	综合材质	
2	客厅	茶几摆件		组	1	常规	综合材质	
3		电视柜摆件		组	1	常规	综合材质	

序号	位置	名称	图片	单位	数量	尺寸	材料说明	备注
4	客厅	电视柜内摆件		组	1	常规	综合材质	
5		电视柜台面摆件		组	1	常规	综合材质	
6		边几摆件		组	1	常规	综合材质	
7	餐厅	餐桌摆件		组	1	常规	综合材质	
8		餐边柜摆件		组	1	常规	综合材质	
9	主卧	床头柜摆件		组	1	常规	综合材质	
10		妆台摆件		组	1	常规	综合材质	
11	儿童房	书柜摆件		组	1	常规	综合材质	
12		书桌摆件		组	1	常规	综合材质	
13		衣柜情景用品		组	1	常规	综合材质	
14	书房	柜内摆件		组	1	常规	综合材质	
15		书桌摆件		组	1	常规	综合材质	
16	老人房	床头柜摆件		组	1	常规	综合材质	
17		衣柜情景用品		组	1	常规	综合材质	
18	更衣间	衣柜摆件		组	1	常规	综合材质	

序号	位置	名称	图片	单位	数量	尺寸	材料说明	备注
19	更衣间	衣柜情景用品		组	1	常规	综合材质	
20	厨房	情景摆件		组	1	常规	综合材质	
21	卫生间	情景摆件		组	2	常规	综合材质	
22	阳台	情景摆件		组	1	常规	综合材质	
23		绿植		组	1	常规	综合材质	
24	生活阳台	情景摆件		组	1	常规	综合材质	
25		绿植		组	1	常规	综合材质	
合计					26			

注：具体饰品款式以实物为准。

（6）陈设单体深化设计

如果市场上无法买到合适的陈设，则需要工厂定做。定做之前，分析明确摆放的位置及高矮大小比例（图4-69），再用图样明确平面、立面、侧面（剖面）尺寸三视图（图4-70）。

（7）部分陈设实物打样

部分重要或数量较多的陈设还需在定做时先打一个样品，待确认无误之后再批量生产（图4-71）。

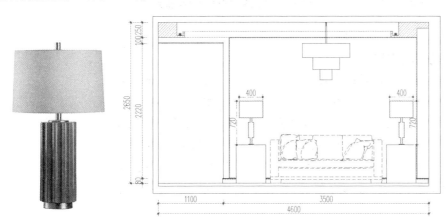

图4-69
灯具尺寸及位置分布图

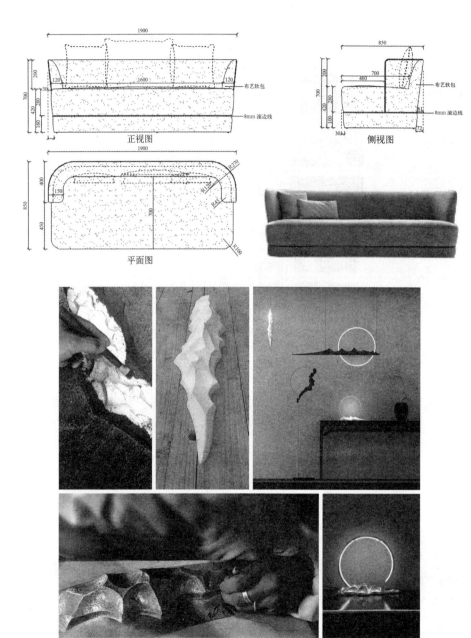

正视图

侧视图

平面图

图 4-70
定做家具三视图

图 4-71
灯具实物打样（图源：
杨臻）

4.2.2　本阶段的综合表达方式

在详细设计阶段，通常综合表达的对象是甲方客户。一般来说，建筑空间装饰工程的汇总表达方式有文本（包含效果图）、PPT 汇报文件（包含效果图、甚至视频动画）、展板（包含效果图）等。其中效果图是甲乙双方进行交流的重要图样，该图可将设计者的设计思想、建成后的效果一目了然地表现出来，因此效果图是以上几种汇总表达方式中必不可少的一环。效果图应选择设计的重点部位，效果图的数量应根据甲方要求或视设计规模的大小和重点空间的数量而定。

1. PPT 汇报文件

PPT 汇报文件是在讲标时利用投影等设备进行方案介绍的重要工具。设计者将所有的设计内容用 PPT 文件的形式在交流时播放，现代化的电子设备总能起到事半功倍的效果。除此之外，还应辅助配合口头语言讲述，来补充说明一些图纸表达不出的含义和意境氛围。讲解者最好事先准备好发言提纲。如若方案规模较大，可组织 2 人或多人就各自较为熟悉的版块内容进行讲解；如若方案规模较小，则可由一名主要设计师进行讲解。

2. 文本表达

文本是在讲标时供每位专家、建设方查看的设计文本。设计者可以将设计说明、平面方案、效果图、重要节点等一系列设计内容用文本画册的形式反映出来，文本的版面一般选用 A3。通常文本的内容与 PPT 汇报文件的内容一致，便于客户在观看聆听 PPT 汇报讲解时自行翻阅（图 4-72）。

图 4-72
方案文本画册（下）

3. 展板表达

展板内容包含方案名称或标题、设计概述（设计说明，从结构、造型、功能、交通组织等多方面说明）、前期分析、设计分析（功能分区、交通流线、造型分析等）、彩色透视效果图（彩色手绘图或实体模型照片）、彩色平面图、彩色立面图、彩色剖面图（主要位置剖面）、意向图（材料意向、风格意向、造型意向、色彩意向等）及其他与方案相关的重要展示内容。

展板表达实际上是将设计过程中所有重要的表达内容集合在一个或几个版面上，便于观看者快速了解方案的来龙去脉。因为全设计过程的表达内容非常多，无法全部罗列在展板上，所以展板的表达应该挑选重要成果内容表现，过程草图可以少一些，较为精美完善的成果型内容如效果图可以稍多一些（图 4-73）。

4.3 该环节思维表达的特点

详细设计阶段的主要工作内容为详细空间设计、空间效果呈现、施工工艺技术与陈设设计，是对概念设计阶段的进一步细化和专业落实。该阶段涉及与客户进行详细空间设计及最终空间效果的确认；与其他相关技术专业厂商的沟通协调；与专业施工人员就重要节点做法进行商定；与软装供货商就款式、尺寸、定做周期等问题进行交涉。所有沟通与交涉都依赖于专业图纸的视觉表达，因此该阶段起主导作用的是沟通型思维表达及展示型思维表达。

4.3.1 从笼统到具体

该阶段从专业角度全方位落实每一处固定空间及活动陈设的细节，可以训练从笼统到具体的思维能力。

4.3.2 从抽象到具象

该阶段借力多样化的空间效果表现软件使空间形象在脑海中形象化，体现了从抽象到具象的思维特点。

4.3.3 从感性到理性

该阶段最后探讨概念方案施工工艺技术的具体实施，印证了从感性到理性的思维特点。各项思维能力在设计训练中互相穿插、互相强化，从而得到全面提升。

图 4-73
以上是基于 5 种废弃物——黑胶唱片、废旧户外广告布、各类废弃卡片、PVC 线管和波纹管、集装箱和木制运输托盘，在室内空间中再次应用重生的实验性方案展板

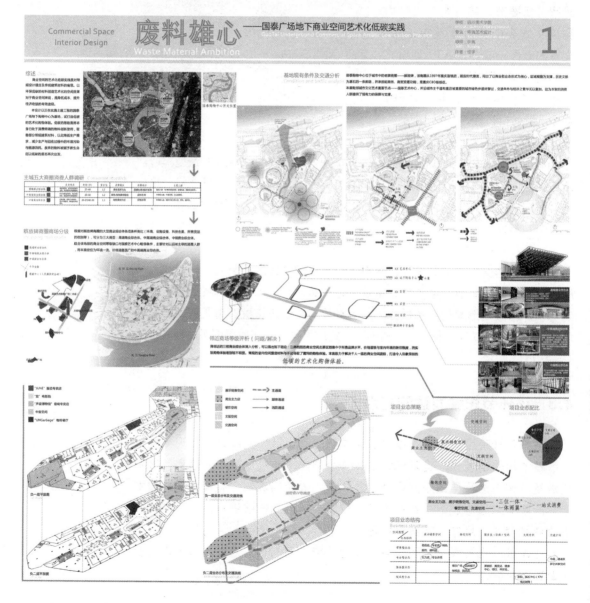

■ "声音博物馆" 音响专卖店
"Sound Museum" Audio Store

2

平面图
Plan

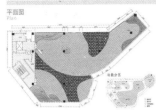

空间构想图
Concept picture

设计解码——黑胶唱纹唱盘
Introduction——Long Play(LP)

密纹黑胶唱盘是20世纪占据着统治地位的音乐格式。但随着CD、MP3等更加轻便、清晰的音乐格式出现，它便逐渐退出历史舞台。现今的黑胶唱盘播放机极为罕见，使得大部分的黑胶唱盘（限量收藏品除外）降级为"车库里的处理品"，论量贱卖。

在这"声音博物馆"音响店室内设计中，将此种几乎被遗忘的时代产物回收利用，取代传统装饰材料，赋予其第二次生命，让这种丰富有时代感的文化载体再次出现在人们面前，加深音响店的空间文化沉淀。

休恩洽谈区构想
Rest area concept

视听区构想
Audiovisual concept

用密纹黑胶唱盘组成有机形态的悬挂体，上面的"洞穴"可以让人把头伸进悬挂体中，戴上内部垂下的耳机，聆听高科技音响发出的自然声音、鸟鸣、溪涧、树叶的沙沙声……让消费者享受声音带来的愉悦。

"放"影院接待空间
"FUN" Cinema Reception Space

3

空间构想图
Concept picture

平面图
Plan

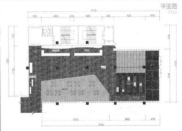

设计解码——户外废旧广告布
Introduction——Waste of advertising

户外喷绘广告几乎无处不在：高速路上、公交车站、商场外墙……用量如此大的广告布在拆换下之后只能成为一无是处的垃圾吗？不！它们可以通过回收——剪裁分类（按色彩）——反面拼接3个步骤，变身为缤纷梦幻的新型透光室内装饰材料。

观影通道构想
Movie Channel concept

等候区构想
Waiting area concept

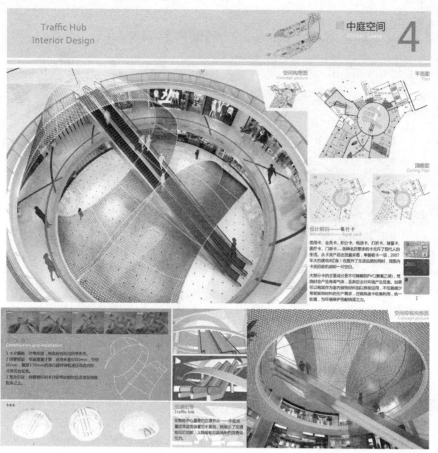

图 4-73
以上是基于 5 种废弃物——黑胶唱片、废旧户外广告布、各类废弃卡片、PVC 线管和波纹管、集装箱和木制运输托盘，在室内空间中再次应用重生的实验性方案展板（续）

4.4 实训教学向导——《详细设计阶段实训任务书：详细设计展板制作实训》

4.4.1 任务内容

以目标项目、餐饮空间、商业空间或酒店空间为题，进行详细设计展板的制作，要求精炼且涵盖概念设计阶段与详细设计阶段的主要内容，包括：设计策划与定位、设计理念与创意主题、功能规划与平面布局、详细空间设计、空间效果呈现、重点施工工艺、陈设设计等板块。每个板块选择合适的方式进行表达，并按逻辑关系排版。

提交成果：每个方案以一张或多张展板组织表达，KT 板印刷并上墙展示，组织课程竞赛和汇报，同时提交 JPG 电子版本存档。

4.4.2 测评标准

组织评委按照测评表格内容评审打分，挑选出前 10 个设计方案，组织设计讲解汇报，进行最终评审。

方案测评重点为：方案是否可行；施工造价与预算是否在合理范围内；设计理念和创意主题是否突出。

展板测评重点为：排版内容的逻辑关系是否合理；条理、主次是否清晰；版式是否优美；信息传递是否准确。

4.4.3 成果示范

成果示范如图 4-74、图 4-75 所示。

图 4-74
2018 届学生酒店空间
设计综合展板

図 4—75
2018 届学生民宿空间
设计综合展板

5　施工图设计阶段的思维表达

5.1 该环节概念及任务

如果说前面的概念及详细设计阶段主要侧重于构思的创造性，那施工图设计阶段则是力求图纸的可实施性与准确性。在施工图中应准确地绘制出建筑空间各个部位的尺寸，并标明所选用的材料及其规格和颜色，以及采用的施工工艺、质量要求的详细图纸和说明，将其作为实际施工的依据。施工图是连接设计与施工的桥梁，是设计人员与施工人员交流的载体，设计人员将设计的全部内容完整严谨地通过规范的图纸绘制出来，施工人员对照图纸进行施工。

空间装饰设计作为建筑设计的一个分支，国内目前常用的室内设计施工图制图规范和标准按照《房屋建筑制图统一标准》GB/T 50001—2017 和《房屋建筑室内装饰装修制图标准》JGJ/T 244—2011 的规定执行，标准没有提及的部分没有强制规定。有的公司会制定自己的制图标准，有的公司会采用国外的室内设计制图标准。

5.1.1 建筑图

建筑施工图是侧重修建建筑物而绘制的图纸，包括多个专业内容。

1. 建筑施工图

建筑施工图简称"建施"，主要表示建筑物的规划位置、外部造型、内部各房间的分布、内外装修构造和施工要求。基本图纸包括首页、建筑总平面图、单体建筑平面图、立面图、剖面图和建筑详图等。详图包括外墙身剖面详图、楼梯、门窗、浴厕及厨卫的详细做法。

2. 结构施工图

结构施工图简称"结施"，主要表示承重结构的布置情况、构造类型、大小、数量及做法等。基本图纸包括结构设计说明、基础平面图、柱网布置图、楼层结构平面图、屋面结构平面图和柱、梁、板、楼梯、雨篷、屋架、支撑、阳台、天沟等结构详图。

3. 设备施工图

设备施工图简称"设施"，包括建筑物的给水排水施工图、采暖通风施工图、电气施工图三类。

知识拓展

（1）给水排水施工图

给水排水施工图简称"水施"，表示给水排水管道的平面布置和走向、管道及构件做法和加工安装要求以及水处理工艺设备等。基本图纸包括管网总平面布置图、室内给水排水管网平面布置图、管道系统图、管道安装详图、水处理工艺设备详图和图例及施工说明。

（2）采暖通风施工图

采暖通风施工图简称"暖通施工图"或"暖施"，主要表示采暖及通风管道、采暖及通风设备的布置及构造、安装要求等。基本图纸包括采暖或通风平面布置图、管道系统图、管道安装详图和图例及施工说明。

（3）电气施工图

电气施工图简称"电施"，主要表示电气线路的走向及安装要求、灯具及电气设备布置等。基本图纸包括平面布置图、线路系统图、线路安装详图、灯具安装详图和图例及施工说明。

5.1.2 室内装饰施工图

室内装饰施工图是侧重室内装饰装修的图纸，是建筑施工图的进一步完善。二者的区别在于，建筑施工图主要表达建筑实体，而室内装饰施工图主要表达室内墙、地、顶的装饰装修以及活动陈设等内容。

室内装饰施工图设计阶段的主要制图工作内容及步骤如下：

（1）明确图幅和比例；

（2）明确要画哪些平面系列图纸（编写平面系列图纸内容）；

（3）明确立面在平面中的具体索引（立面索引草图）；

（4）撰写设计说明；

（5）拟定各类设计图表（图纸目录、材料表）；

（6）平面系列图纸绘制（绘制拆建图、平面布置图、顶棚平面图、地面铺装）；

（7）绘制立面索引图；

（8）绘制立面图及剖立面图；

（9）完成平、立、剖中的详图剖切索引（圈出大样位置，标注剖切符号）并编号；

（10）绘制节点大样图；

（11）绘制单体陈设的平、立、剖面三视图（家具、灯具或其他陈设品）；

（12）整理全套图纸，编写图纸序号，编制图纸目录，完善其他各类图表；

（13）审校、修改、出图。

5.1.3 材料选样、制作小样

本阶段不仅需要规范的绘制室内装饰施工图，设计师还应为建设方及施工方提供材料的小样，供建设方或施工方选择和采购，比如墙面漆、墙纸墙布、墙面砖、地砖、地板、石材、各种线脚、柜门材料及其他主要饰面材料。凡是经过建设方确认的材料小样，均需要进行封样保存管理。

5.2 表达的具体形式及案例——以某样板间为例

室内装饰施工图的规范化制图工作，主要用 CAD 制图软件进行绘制。绘制的目的是分别表达室内房间的六面体——地面部分、房顶部分和周围的四个墙面部分的尺寸和各种装饰造型的位置。通俗地讲，地面部分称为平面图，房顶部分称为顶平面图，四个墙面称为立面图。为了表述内部结构，假设将装修的空间从中间剖切，画出内部构造，称为剖面图；解释装饰中具体结构细节的图纸称为详图；把某个家具绘制成立体形式，称为轴测图。有了这些图纸，就可以顺利施工了。以下则用作者参与实践的样板房项目为例详细阐述。

5.2.1 建筑室内装饰设计 CAD 施工图

完整的室内装饰施工图文件包括封面、图纸目录、设计说明（图纸说明及施工说明）、材料表、平面图（拆建尺寸图、完成面放样平面图、家具平面布置图、家具定位尺寸图、地面铺装图、综合天花布置图、天花尺寸图、天花灯具尺寸图、开关插座平面布置图、立面索引图及门表索引图）、立面图、剖面图、节点大样图。

1. 封面

通常使用公司统一的封面。封面应包括项目名称（有的还有子项目名称或设计范围名称）、设计单位、资质证书号、项目设计编号、设计阶段、设计日期等信息（图 5-1）。

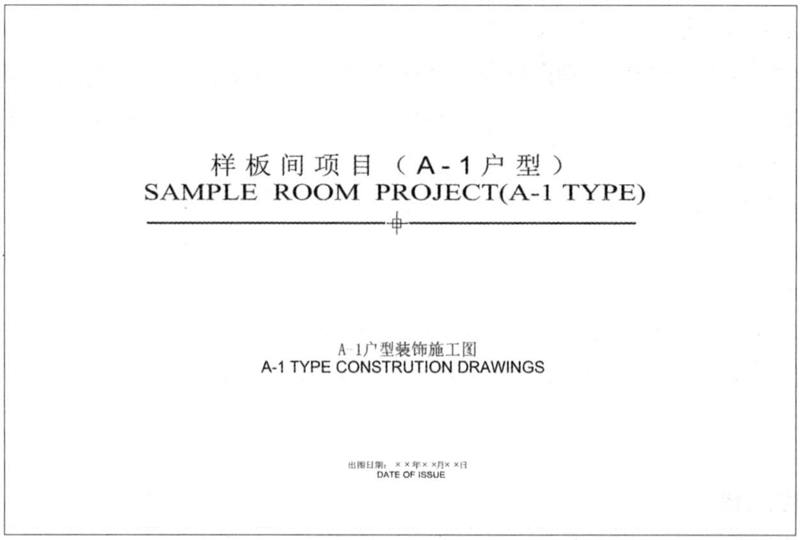

图 5-1
某样板间装饰施工图封面

样板间项目（A-1 户型）
SAMPLE ROOM PROJECT(A-1 TYPE)

A-1户型装饰施工图
A-1 TYPE CONSTRUTION DRAWINGS

出图日期：××年××月××日
DATE OF ISSUE

2. 图纸目录

图纸目录一般为表格形式，列出设计文件的内容和顺序，包括图号（室内设计的标准图号并没有特殊的规定，一般来讲可由图名英文缩写—阿拉伯数字组成，例如 EL-01，意为 1 号立面图，EL 是立面图 ELEVATION 的缩写）、图纸名称、图幅、比例、备注等栏（图 5-2，高清大图扫描二维码 17 查看）。

3. 设计说明

设计说明为文字和表格形式，包括施工图图纸说明（含图标、材料的缩写代号定义、图例及填充图例）、工程一般规范施工说明、防火设计说明、材料明细表等内容（图 5-3~图 5-6，高清大图扫描二维码 18 查看）。

17- 图 5-2 高清大图

18- 图 5-3~图 5-6 高清大图

图纸目录 DRAWING LIST

图号 MAT No.	图纸名称 DRAWING NAME	比例 PROPORTION
001	目录	Scale 详图单A3
002	设计说明	Scale 详图单A3
003	防火设计说明	Scale 详图单A3
004	材料清单	Scale 详图单A3
平面图部分		
OA-01	原建筑平面图	Scale 1:60单A3
AR-01	间隔墙尺寸定位图	Scale 1:60单A3
WF-01	完成面定位图	Scale 1:60单A3
FF-01	家具平面布置图	Scale 1:60单A3
FL-01	家具平面定位图	Scale 1:60单A3
RC-01	反射天花布置图	Scale 1:60单A3
RD-01	反射天花造型定位图	Scale 1:60单A3
RL-01	反射天花灯具分布定位图	Scale 1:60单A3
FC-01	地面铺饰面图	Scale 1:60单A3
KP-01	立面索引图	Scale 1:60单A3
立面图部分		
IE-01	立面图	Scale 1:35 (A3)
IE-02	立面图	Scale 1:35 (A3)
IE-03	立面图	Scale 1:35 (A3)
IE-04	立面图	Scale 1:35 (A3)
IE-05	立面图	Scale 1:35 (A3)
IE-06	立面图	Scale 1:35 (A3)
IE-07	立面图	Scale 1:35 (A3)
IE-08	立面图	Scale 1:35 (A3)
IE-09	立面图	Scale 1:35 (A3)
IE-10	立面图	Scale 1:35 (A3)

图纸目录 DRAWING LIST

图号	图纸名称	比例
大样图部分		
	天花大样图	
RC-DT-01	天花大样图	Scale 1:35 (A3)
	地面大样图	
FC-DT-01	地面大样图	Scale 1:35 (A3)
	墙面大样图	
FF-DT-01	墙面大样图	Scale 1:35 (A3)
	柜体大样图	
FF-DT-01	柜体大样图	Scale/详图 (A3)
FF-DT-02	柜体大样图	Scale/详图 (A3)
FF-DT-03	柜体大样图	Scale/详图 (A3)
FF-DT-04	柜体大样图	Scale/详图 (A3)
FF-DT-05	柜体大样图	Scale/详图 (A3)
FF-DT-06	柜体大样图	Scale/详图 (A3)
FF-DT-07	柜体大样图	Scale/详图 (A3)

图纸目录 DRAWING LIST

图号 MAT No.	图纸名称 DRAWING NAME	比例 PROPORTION

REVISIONS 修订
NO. 号　DATE 日期　DESCRIPTION 内容

项目名称 PROJECT：某项目（A-1户型）
项目编号 PROJECT NO.
设计 DESIGNED
制图 DRAWN BY
审核 CHECKED
比例 SCALE
业主审核 G.UINT SIGNATURE
日期 DATE

注：所有尺寸以标注及现场整体校核为准，请勿按比例测量图纸，如尺寸与现场不符，请通知设计单位，未经许可不得复制、翻印图纸。

图名 TITLE：图纸目录
图号 SHEET NO.：001
页码 PAGE NO.

图5-2　某样板间装饰施工图目录

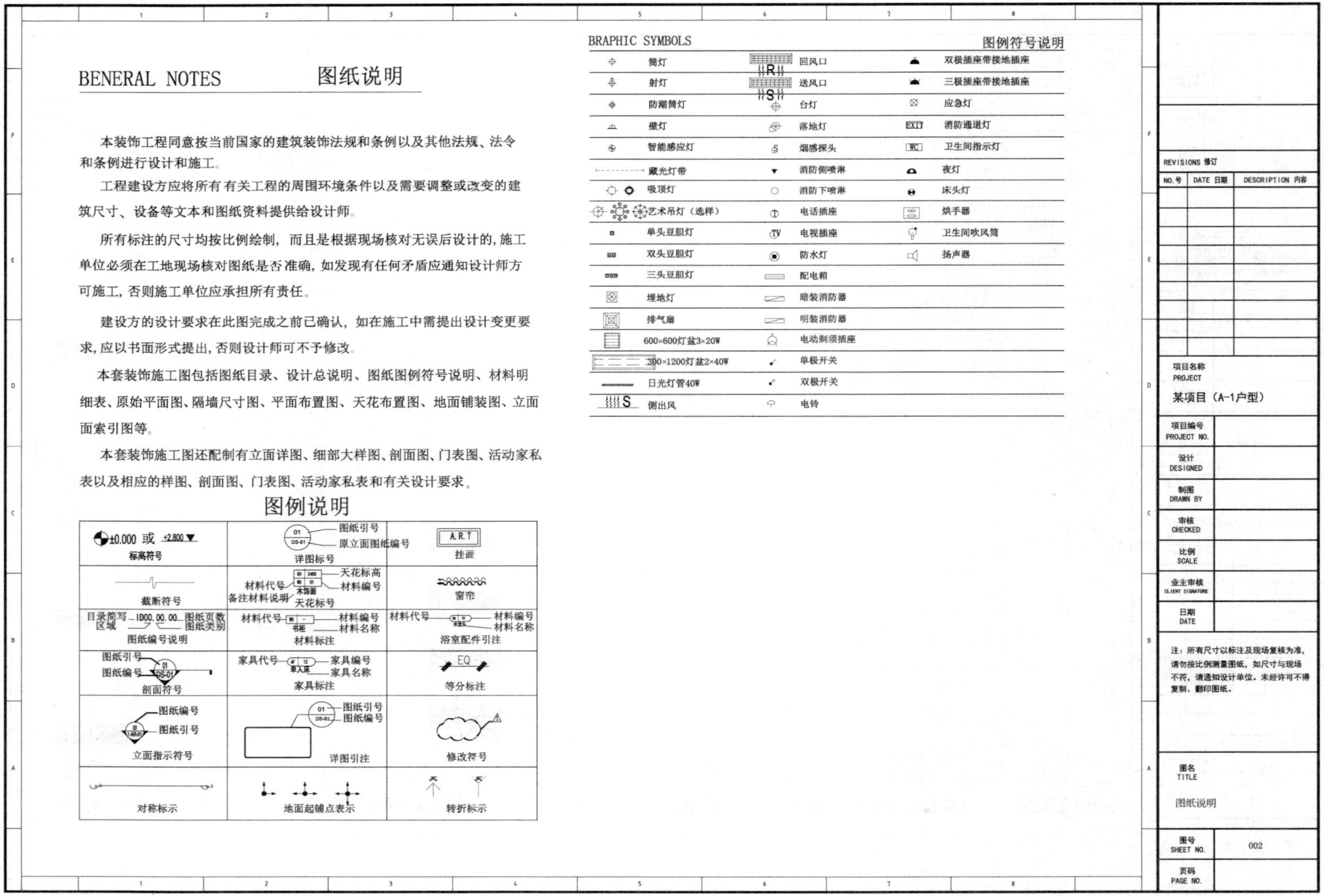
BENERAL NOTES
图纸说明
本装饰工程同意按当前国家的建筑装饰法规和条例以及其他法规、法令和条例进行设计和施工。
工程建设方应将所有有关工程的周围环境条件以及需要调整或改变的建筑尺寸、设备等文本和图纸资料提供给设计师。
所有标注的尺寸均按比例绘制，而且是根据现场核对无误后设计的，施工单位必须在工地现场核对图纸是否准确，如发现有任何矛盾应通知设计师方可施工，否则施工单位应承担所有责任。
建设方的设计要求在此图完成之前已确认，如在施工中需提出设计变更要求，应以书面形式提出，否则设计师可不予修改。
本套装饰施工图包括图纸目录、设计总说明、图纸图例符号说明、材料明细表、原始平面图、隔墙尺寸图、平面布置图、天花布置图、地面铺装图、立面面索引图等。
本套装饰施工图还配制有立面详图、细部大样图、剖面图、门表图、活动家私表以及相应的样图、剖面图、门表图、活动家私表和有关设计要求。
图例说明
±0.000 或 +2.800
标高符号
图纸引号
原立面图纸编号
详图标号
A.R.T
挂画
截断符号
天花标高
材料编号
材料代号
备注材料说明
木饰面
天花标号
窗帘
目录简写
区域
ID00.00.00
图纸页数
图纸类别
图纸编号说明
材料代号
书柜
材料编号
材料名称
材料标注
材料代号
材料编号
材料名称
浴室配件引注
图纸引号
图纸编号
DS-01
剖面符号
家具代号
单人床
家具编号
家具名称
家具标注
EQ
等分标注
图纸编号
图纸引号
立面指示符号
图纸引号
图纸编号
DS-01
详图引注
修改符号
对称标示
地面起铺点表示
转折标示
BRAPHIC SYMBOLS
图例符号说明
筒灯
射灯
防潮筒灯
壁灯
智能感应灯
藏光灯带
吸顶灯
艺术吊灯（选样）
单头豆胆灯
双头豆胆灯
三头豆胆灯
埋地灯
排气扇
600×600灯盆3×20W
300×1200灯盆2×40W
日光灯管40W
侧出风
回风口
送风口
台灯
落地灯
烟感探头
消防侧喷淋
消防下喷淋
电话插座
电视插座
防水灯
配电箱
暗装消防器
明装消防器
电动剃须插座
单极开关
双极开关
电铃
双极插座带接地插座
三极插座带接地插座
应急灯
EXIT
消防通道灯
WC
卫生间指示灯
夜灯
床头灯
烘手器
卫生间吹风筒
扬声器
REVISIONS 修订
NO.号
DATE 日期
DESCRIPTION 内容
项目名称
PROJECT
某项目（A-1户型）
项目编号
PROJECT NO.
设计
DESIGNED
制图
DRAWN BY
审核
CHECKED
比例
SCALE
业主审核
CLIENT SIGNATURE
日期
DATE
注：所有尺寸以标注及现场复核为准，请勿按比例测量图纸，如尺寸与现场不符，请通知设计单位。未经许可不得复制、翻印图纸。
图名
TITLE
图纸说明
图号
SHEET NO.
002
页码
PAGE NO.

图 5–3　某样板间装饰施工图图纸说明

工程一般规范施工说明

1. 石料工程	2. 木工		
1.1 样品	2.1 工作范围	2.7 容限	2.16 擦洗
1.2 施工图	2.2 材料	2.8 装配	2.17 骨架
1.3 实施	2.3 保存处理	2.9 接合	2.17.1 天花
1.4 工艺	2.4 防火处理	2.10 划线	2.17.2 散放家具
1.5 安装	2.5 工艺和制造	2.11 龙骨安装	2.17.3 厨柜和固定家具
1.6 清洁	2.5.1 尺寸	2.12 木板材安装	2.17.4 门框
1.7 石料加工	2.5.2 表面	2.13 镶嵌细木工作	2.17.5 门
1.8 保护	2.5.3 装饰	2.14 安装在建筑物上的木工制品	
1.9 装运	2.6 收缩度	2.15 材料样品	

3. 五金	4. 金属覆盖板工程	5. 装配玻璃	6. 地毯和底胶垫
3.1 工作范围	4.1 不锈钢	5.1 工作范围	6.1 工作范围
3.2 材料	4.2 材料和工艺	5.2 材料	6.2 材料
3.3 完工	4.3 安装	5.3 工艺	6.3 工艺
3.4 工艺		5.4 清洗和修整	6.4 地毯的保护和清洁
		5.5 强化玻璃和不锈钢扶手	
		5.6 玻璃的基本要求	

7. 油漆工作	8. 铝板天花	11.3. 安装
7.1 工作范围	9. 地砖	11.4. 防火处理
7.2 材料和工艺	10. 木地板	12. 常规大样示意
7.3 准备、打底油和嵌入上油漆	11.1. 天花吊顶工程	
7.4 油漆	11.2. 材料	

图 5—4
某样板间装饰施工图工
程一般规范施工说明

4. 室内装饰平面系列图

（1）原始建筑平面图、原始建筑顶面图

原始建筑平面图是体现建筑未经装饰装修时（俗称清水房或毛坯房）的墙体分布、尺寸、梁柱结构及位置的图纸，是平面布置图的基础勘测框架。原始建筑平面图上用实心填充承重墙位置，房间的梁结构用虚线表示并标出高度。房间内空需标 2~3 道尺寸，一道为各房间净空，一道为总长或宽。大的公寓、别墅要有分区域或各居室平面图。

原始建筑顶面图是体现建筑清水状态时的净空高度（从木地板、地砖或者毛坯的地面到顶板底部或梁底的垂直高度）、梁的宽度及位置分布的图纸（图 5-7，高清大图扫描二维码 19 查看）。

（2）（拆建）墙体尺寸定位图

在原始建筑平面图的基础上，标出设计改造后的墙体位置分布及尺寸，拆砌墙体用两种不同的图案填充。房间内空需标 2~3 道尺寸，一道为各房间净空，一道为总长或宽。当拆建情况较为复杂，可分别绘制拆除墙体图和新砌墙体图（图 5-8，高清大图扫描二维码 20 查看）。

（3）平面布置图

平面布置图在整套装饰施工图中占据首要地位，也是含金量最高的一张，外行客户往往只看这一张图（图 5-9，高清大图扫描二维码 21 查看）。它体现了每个空间经过设计之后的功能与位置，房间门窗、墙壁的位置，以及家具等设施的摆设和大小、地面用材等，是接下来所有图纸的绘制依据。所有摆设都按比例缩小，通常为 1 ∶ 100、1 ∶ 50。

19— 图 5-7 高清大图

20— 图 5-8 高清大图

21— 图 5-9 高清大图

防火设计说明

一、设计依据

本次设计的"样板间项目（A-1户型）"，本图纸为室内施工图设计。

1. 甲方所提供的图纸资料及相应功能要求。
2. 中华人民共和国国家标准《建筑内部装修防火施工及验收规范》GB 50354—2005。
3. 中华人民共和国国家标准《建筑设计防火规范》GB 50016—2014。
4. 国家有关标准和行业标准。

二、设计内容及范围

1. 项目名称：样板间项目（A-1户型）。
2. 项目地址：重庆。
3. 结构类型：框架混合结构。
4. 设计面积：约 99㎡。
5. 设计内容：室内装饰部分设计施工图。
6. 建筑原有防火分区、防火门、消防设施、室内消火栓系统等均未改变。

三、主要装饰材料说明

1. 木质材料

1.1. 木质材料燃烧性能等级应符合设计要求，且在进行阻燃处理时，木质材料含水率不应大于12%。木质材料涂刷或浸渍阻燃剂时，应对木质材料所有表面都进行涂刷或浸渍。涂刷或浸渍后的木材燃烧剂的干燥程度应符合检验报告或说明书的要求。

1.2. 木质材料表面进行防火涂料处理时，应对木质材料的所有表面进行均匀涂刷，且不应少于两次，第二次涂刷应在第一次表面干燥后进行；涂刷防火涂料用量不应少于500g/㎡，木质材料在涂刷防火涂料前应清理表面，且表面不应有水、灰尘或油污。

2. 复合材料

复合材料燃烧性能等级符合B1设计要求且应按设计要求进行施工，饰面板内的芯材不得暴露。木夹板，饰面板选用优质板，AB胶应一年内产品，表面装饰木材符合国家AA级标准，含水率控制在15%以内。

3. 纺织物材料

窗帘满足纺织物燃烧性能等级B1级的设计要求。

4. 其他材料

4.1. 防火门的表面加装敷贴面材料或其他装修时，不得减小门框和门的规格尺寸，不得降低防火门的耐火性能，所用贴面材料的燃烧性能等级不应低于B1级。

4.2. 建筑隔墙或隔板，采用防火堵料封堵孔洞，楼板的孔洞需要封堵时，应采用防火堵料严密封堵。缝隙及管道并和电缆坚井时，应根据管道并和电缆竖井所在位置的防火堵料或楼板或楼板施工现场要求选用防火堵料。用于其他部位的防火堵料的方式一致，防火堵料应根据施工现场情况选用，其施工方式应与检验时的方式一致。缝隙。后必须严密填实孔洞。缝隙。

4.3. 顶棚局部轻钢龙骨石膏板吊顶面刷白色乳胶漆。

4.4. 电器设备及材料必需按设计要求，选购经认证检验合格的产品。如需要更换，替代品应经设计单位同意。

图 5-5 某样板间表施工图防火设计说明

REVISIONS 修订 | NO.号 | DATE 日期 | DESCRIPTION 内容

PROJECT 项目名称
某项目（A-1户型）

PROJECT NO. 项目编号

DESIGNED 设计

DRAWN BY 制图

CHECKED 审核

SCALE 比例

DESIGN SIGNATURE 设计师签名

DATE 日期

注：所有尺寸以标注及现场实量核实为准，请勿按比例缩量图纸。如尺寸与现场不符、请通知室内设计师，未标许可不得更变、翻印图纸。

TITLE 图名
防火设计说明

SHEET NO. 图号
003

PAGE NO. 页码

材料明细表

SHEET TITLES

材料编号 MAT No.	描述 DESCRIPTION	材料名称 MATERIAL NAME	规格 NORMS	施用范围 LIMITS
ST 01	石材	雅士白	20mm厚	餐厅、卫生间、门槛石、厨房
ST 02	石材	爱马仕灰	20mm厚	壁炉
ST 03	石材	石材马赛克	300mm×300mm	主卫生间
ST 04	石材	大花绿	16mm厚	多功能房
CT 01	瓷砖	灰色仿石材砖	600mm×1200mm	客厅、餐厅、阳台
CT 02	瓷砖	灰白色仿石材砖	600mm×1200mm	卫生间
CT 03	瓷砖	灰白色陶瓷薄板	600mm×1200mm	厨房、卫生间
CT 05	瓷砖	灰色仿石材砖	600mm×1200mm	厨房、生活阳台
MT 01	金属	白色不锈钢	1mm厚	造型墙面
MT 02	不锈钢	黑色不锈钢	1mm厚	天花、造型墙面
WD 01	木作	拼花木地板	403mm×403mm	卧室
WD 02		门套	60mm	
WD 03		白色木踢脚线	200mm	
WD 04		白色木饰漆板	18mm厚	厨房、生活阳台
WD 05		深灰木纹饰面	18mm	主卧、次卧、餐厅
WD 06		浅灰烤漆板	18mm厚	主卧
WD 07		白色仿石材饰面	18mm	多功能房
WD 09		粉木色烤漆板	以施工尺寸为准	主卧
WD 10		原木色木纹饰面	18mm厚	卫生间
WD 11		深灰木饰面	以施工尺寸为准	多功能房
WD 12		白色波浪板	18mm厚	次卧
WD 13		墙面造型	25mm厚	多功能房
WD 14		浮雕肌理板饰面	15mm厚	主卧
WD 15		灰色烤漆板	18mm厚	主卧
GL 01	玻璃	黑色玻璃	8mm	客厅
GL 02	钢化玻璃	灰色钢化玻璃	8mm	主卧
GL 03	磨砂玻璃	浅灰磨砂玻璃	12mm	多功能房
GL 04	钢化玻璃	透明玻璃	12mm	客厅
AC 01	透光板	白色透光板	2mm	卫生间
MR 01	镜子	银镜	5mm	客厅、卫生间
MR 02	镜子	灰镜	5mm	主卧

材料清单 MATERIAL INVENTORY

材料编号 MAT No.	描述 DESCRIPTION	材料名称 MATERIAL NAME	规格 NORMS	施用范围 LIMITS
PT 01	漆	白色乳胶漆	以施工尺寸为准	
PT 02	乳胶漆	浅灰色乳胶漆	以施工尺寸为准	餐厅
FA 01	布料	墙布（选样）	以施工尺寸为准	

材料清单 MATERIAL INVENTORY

REVISIONS 修订
NO. 号 | DATE 日期 | DESCRIPTION 内容

项目名称 PROJECT：某项目（A-1户型）
项目编号 PROJECT NO.
设计 DESIGNED
制图 DRAWN BY
审核 CHECKED
比例 SCALE
业主审核 OWNER SIGNATURE
日期 DATE

图名 TITLE：材料明细表
图号 SHEET NO.：004
页码 PAGE NO.

注：所有尺寸以标注及现场量取值为准，请勿按比例测量图纸，如尺寸与现场不符，请遵知设计单位，未经许可不得复制、翻印图纸。

图5-6 某样板间装饰施工图材料明细表

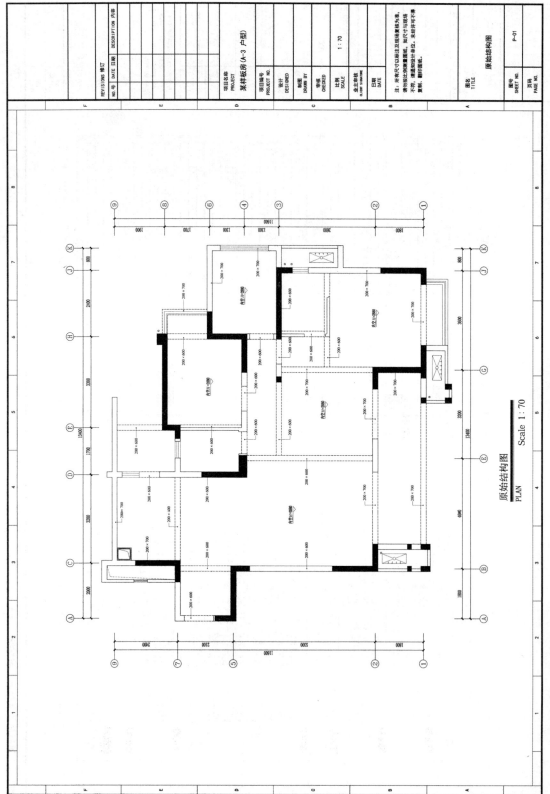

原始结构图
PLAN
Scale 1:70

图 5-7 某样板间装饰施工图原始建筑平（顶）面图（这张例图是把原始建筑平面图和顶面图画成了一张图，图中虚线表示顶面上的梁）

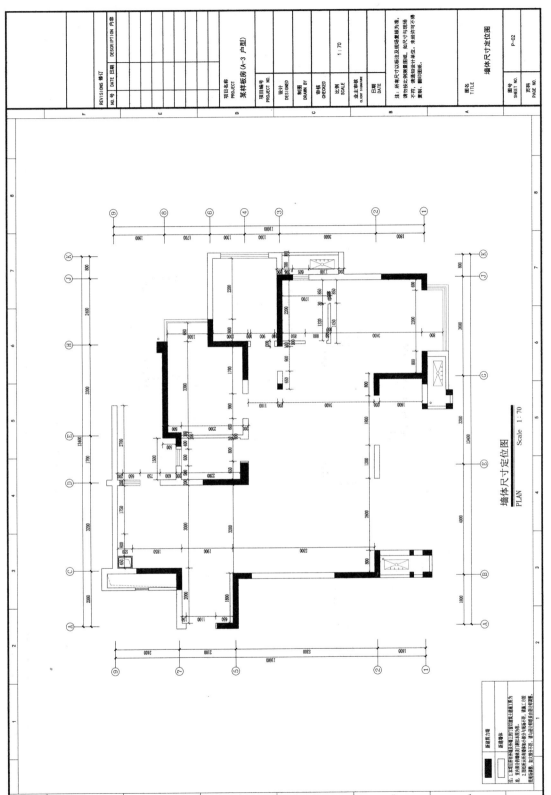

墙体尺寸定位图
PLAN   Scale 1:70

图5-8 某样板间装饰施工图墙体尺寸定位图

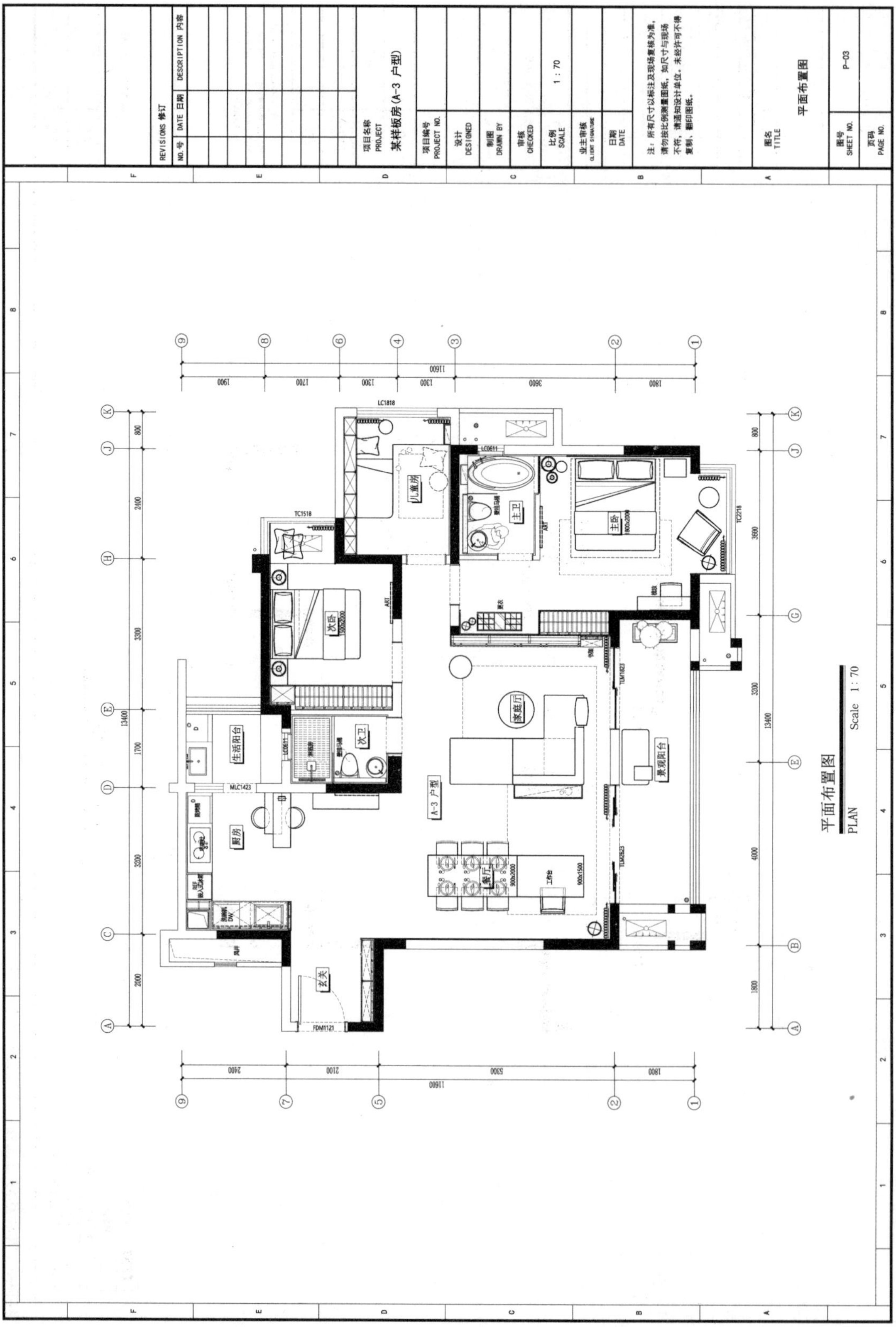

图 5-9 某样板间装饰施工图平面布置图

平面布置图应标明以下内容：

1）室内平面形状和尺寸：一是房间的净空尺寸；二是表示门窗、墙垛、柱的结构尺寸；三是最外一层的外包尺寸，标明房间的总长、总宽。有时为了与建筑施工平面图相对应而标明建筑轴线尺寸、柱位编号，并标注墙厚等。

2）标明家具陈设、家电设备的布置和数量。

3）标明门窗的开启方向与位置尺寸。

（4）家具尺寸图

家具尺寸图标明平面布置图中所有家具、家电陈设的尺寸，便于后期采购家具时把握尺度（图5-10，高清大图扫描二维码22查看）。

22- 图5-10 高清大图

（5）顶棚布置图

顶棚布置图也称天花布置图或顶面布置图，标明顶面吊顶的造型、标高及材质、灯具的位置、窗帘盒的位置、中央空调或者风管机进出风口的位置、灯具图例表等。某些细部必要时还要另绘详图，因此该图上还要体现详图索引信息（图5-11，高清大图扫描二维码23查看）。

23- 图5-11 高清大图

（6）顶棚造型定位图、顶棚灯具定位图

顶棚造型定位图侧重表达吊顶的造型、尺寸、标高；顶棚灯具定位图侧重表达顶面上各种灯具、空调的分布尺寸。这两张图均是体现施工尺寸的图纸，为了让工人阅读图纸更加清晰，通常画成两张图（图5-12、图5-13，高清大图扫二维码24查看）。

24- 图5-12、图5-13 高清大图

（7）地面铺装图

地面铺装图又称地坪饰面图，标明地坪饰面材料品类及规格，如800mm×800mm地砖、木地板等，还体现地坪饰面材料的拼接分缝形式、尺寸及标高。地面做法有些位置需要详图，因此该图上还需标明剖面详图的剖切位置及编号（图5-14、图5-15，高清大图扫描二维码25查看）。如有特殊纹样的地面拼花则需出大样图。

25- 图5-14、图5-15 高清大图

（8）立面索引图

立面索引图是通过索引符号在平面图中反映立面所处的位置，便于工人快速找图（图5-16，高清大图扫描二维码26查看）。

5. 室内装饰立面系列图

室内装饰立面图通常指室内四面墙体的装修立面图，是内部墙面的正投影图。其作用主要是表达室内墙面及有关室内装饰情况，所采用的材料、规格、色彩与工艺要求以及装饰构件等。如室内立面造型、门窗、比例尺度、家具陈设、壁挂等装饰的位置与尺寸、装饰材料及做法等。尺寸可多标不可少标，最少标两道尺寸。

立面图数量通常为若干张，以交代清楚每个立面为原则（图5-17~图5-25，高清大图扫描二维码27查看）。

室内装饰立面图的绘制要点：

26- 图5-16 高清大图

27- 图5-17~图5-25 高清大图

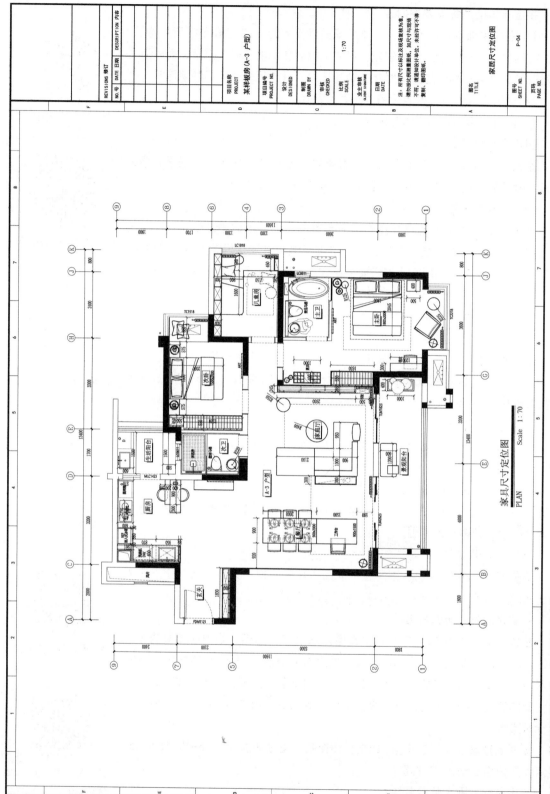

图 5-10 某样板间装饰施工图家具尺寸定位图

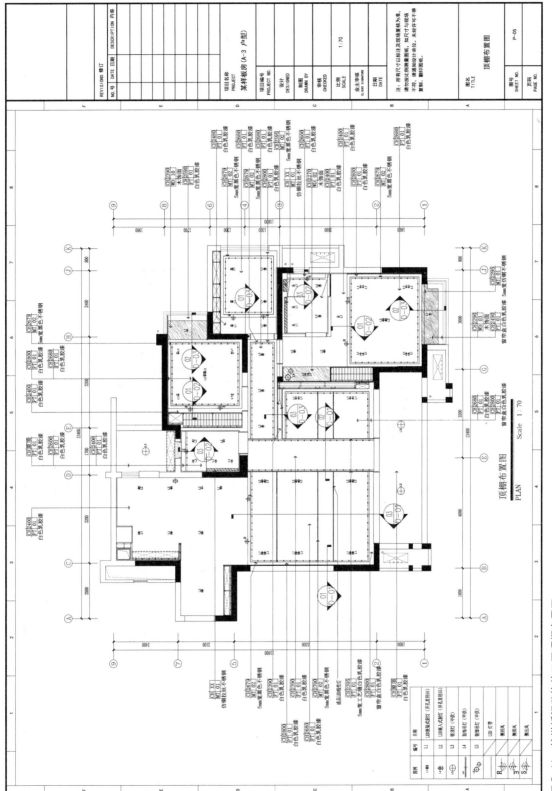

图 5-11　某样板间装饰施工图顶棚布置图

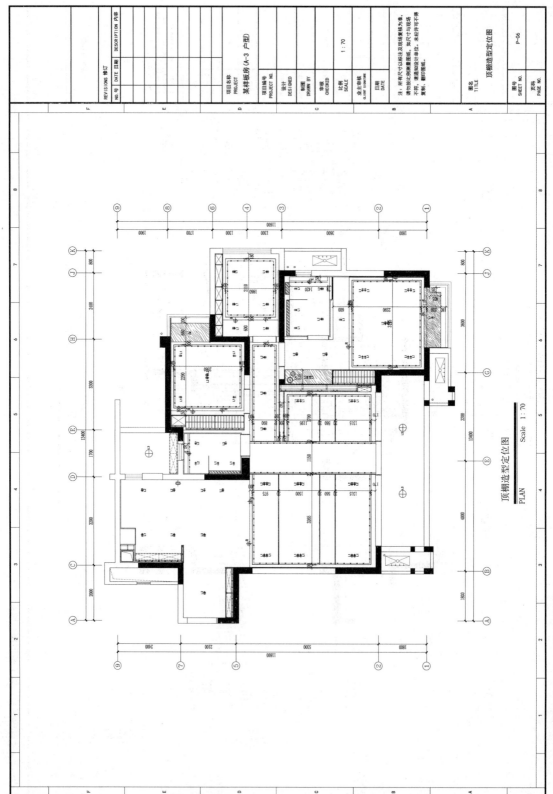

图 5-12　某样板间装饰施工图顶棚造型定位图

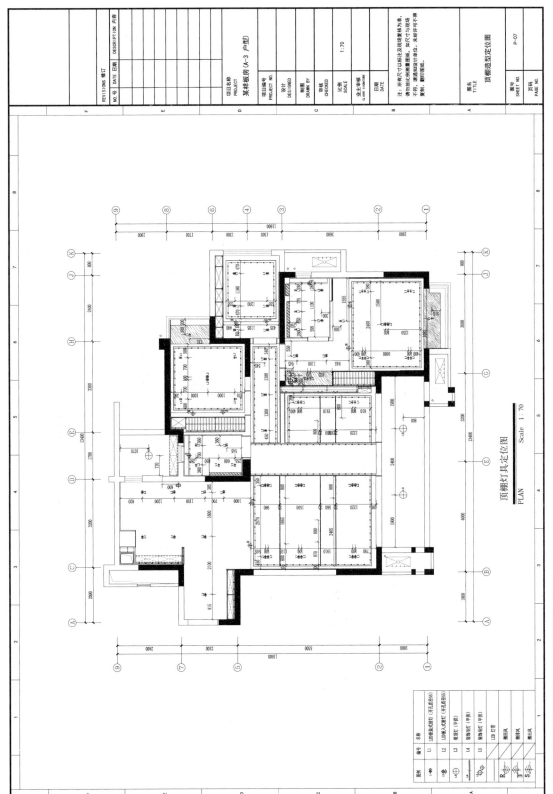

顶棚灯具定位图

PLAN   Scale 1:70

图例	编号	名称
	L1	LED嵌条式射灯(开孔直径65)
	L2	LED嵌入式射灯(开孔直径65)
	L3	吸顶灯(甲供)
	L4	装饰吊灯(甲供)
	L5	装饰壁灯(甲供)
		LED灯带
R		侧回风
T		侧排风
S		侧排风

图 5-13 某样板间装饰施工图顶棚灯具定位图

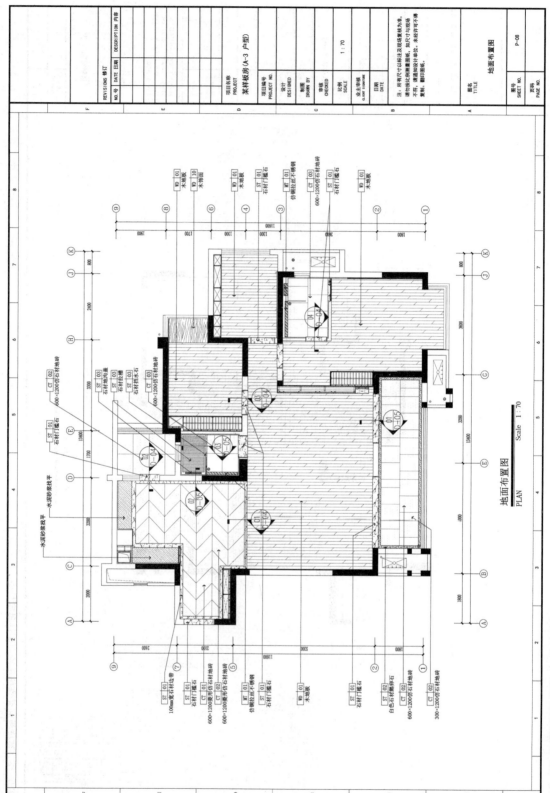

图 5-14 某样板间装饰施工图地面布置图

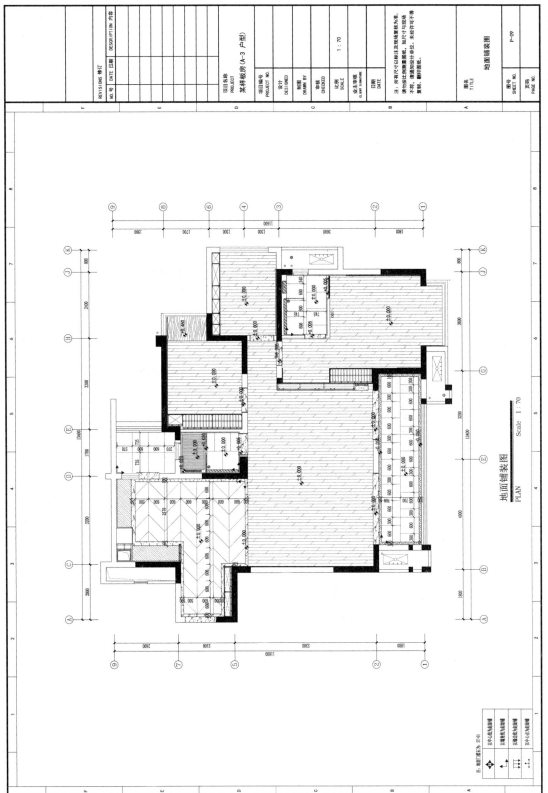

地面铺装图
PLAN   Scale 1:70

图 5-15 某样板间装饰施工图地面铺装图（以上例图是将地面铺装图拆分成两张来画，第一张侧重地坪饰面材料的标注，第二张侧重地坪材料拼接的尺寸标注和标高）

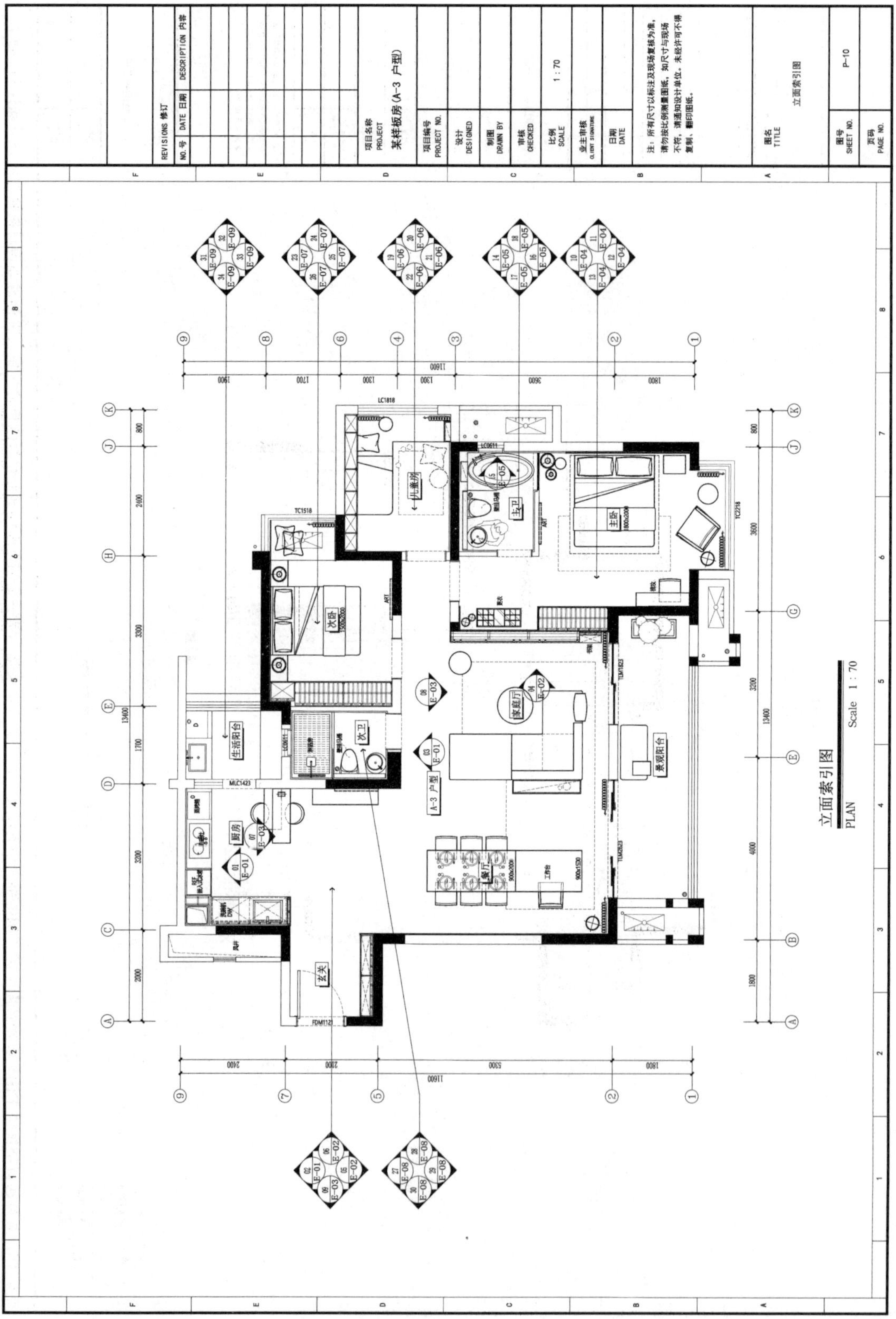

图 5-16 某样板间装饰施工图立面索引图

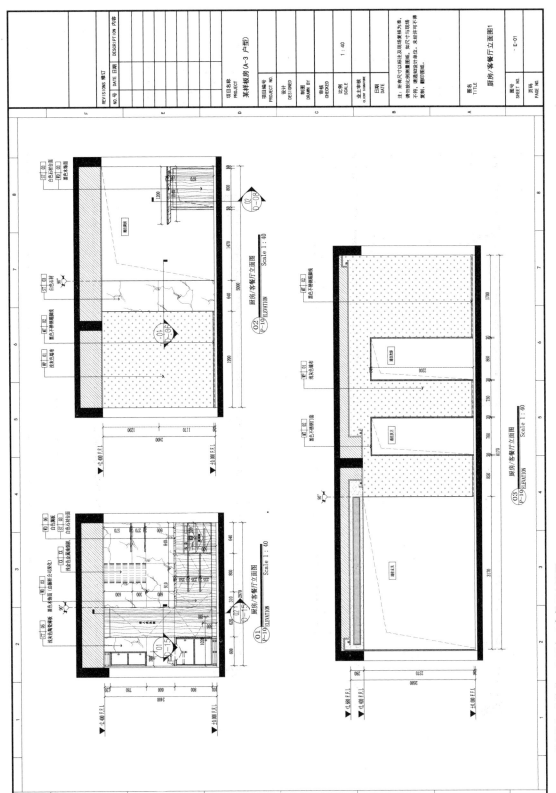

图 5-17 某样板间装饰施工图厨房／客餐厅立面图一

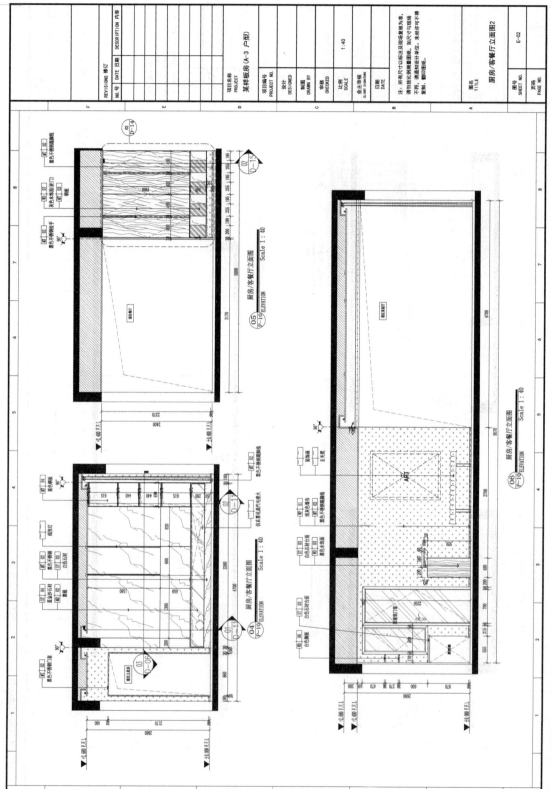

图 5-18　某样板间装饰施工图厨房／客餐厅立面图二

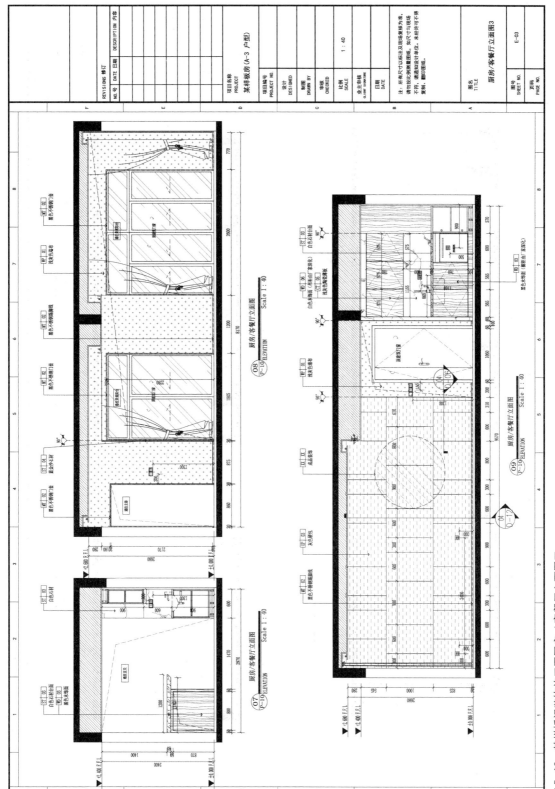

图 5-19 某样板间装饰施工图厨房／客餐厅立面图三

5 施工图设计阶段的思维表达 **145** ·

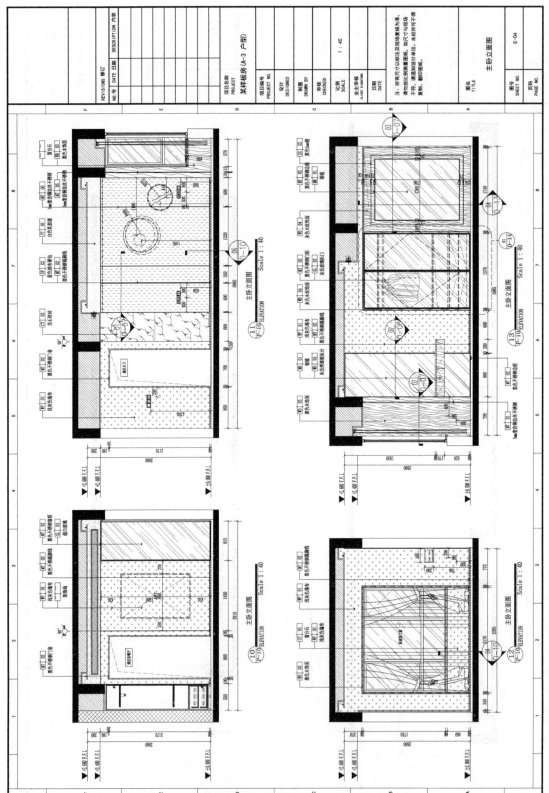

图 5-20 某样板间装饰施工图主卧立面图

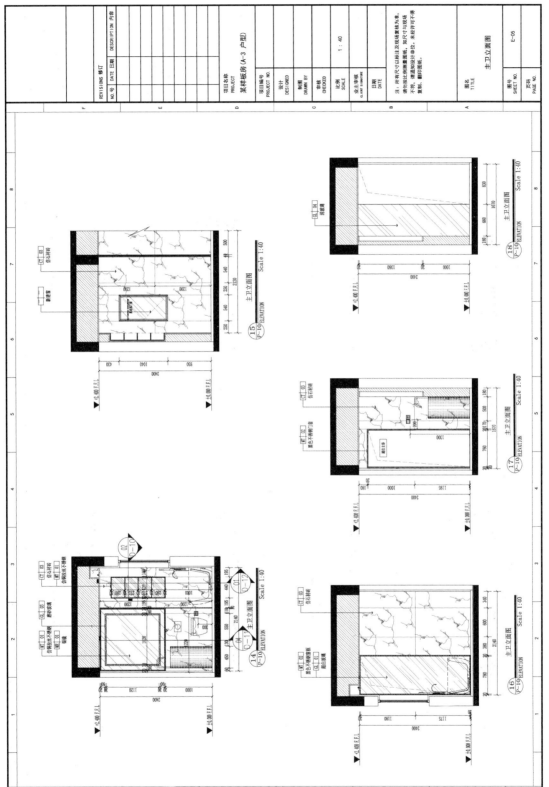

图 5-21 某样板间装饰施工图主卫立面图

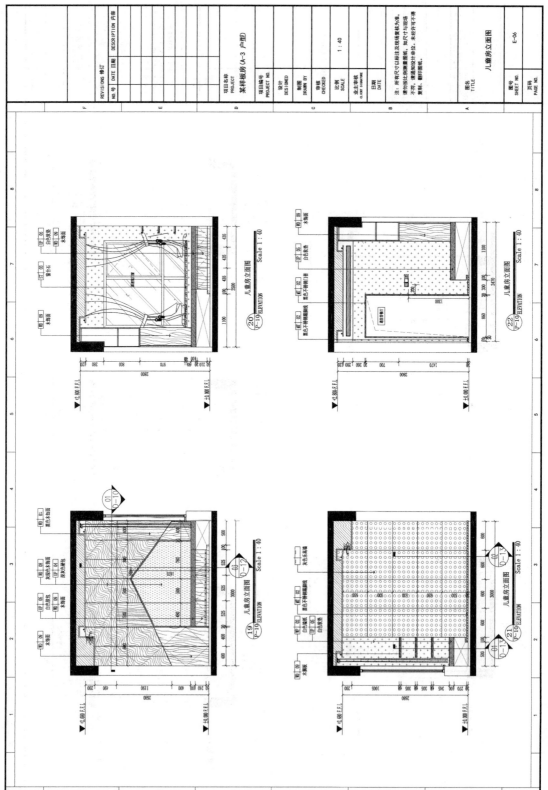

图 5-22　某样板间装饰施工图儿童房立面图

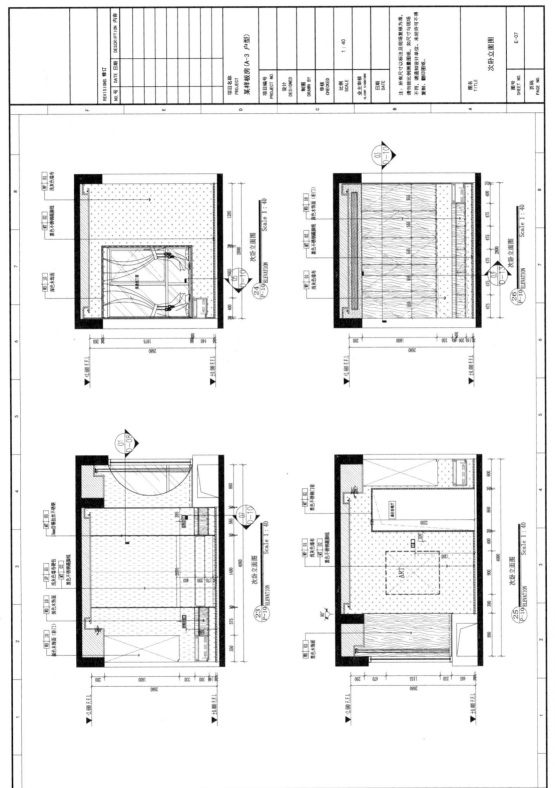

图 5-23 某样板间装饰施工图次卧立面图

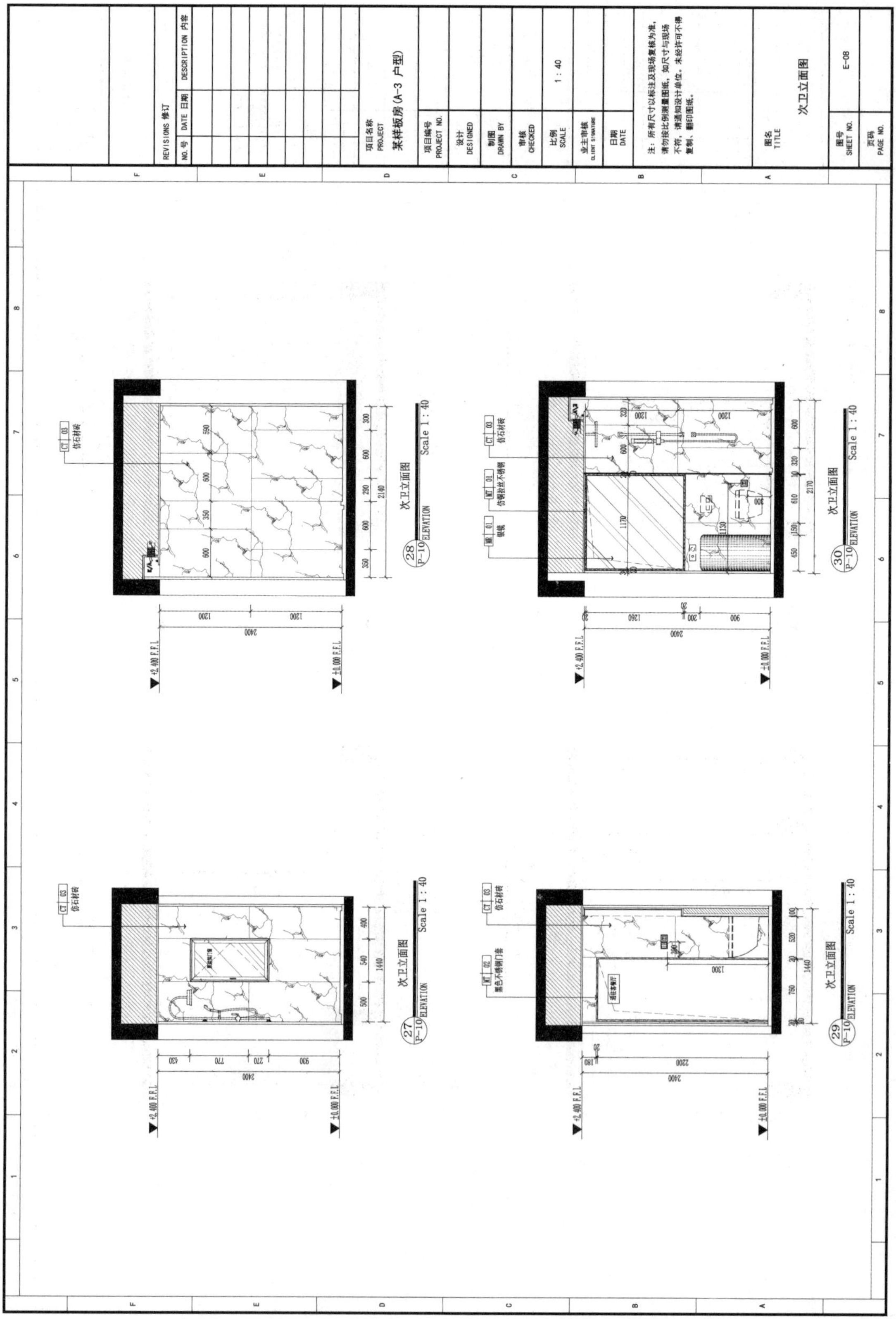

图 5-24 某样板间装饰施工图次卫立面图

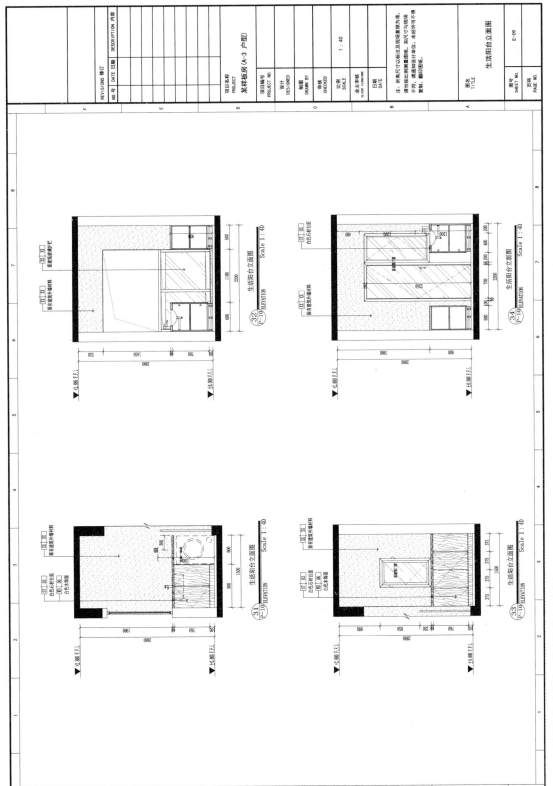

图 5-25 某样板间装饰施工图生活阳台立面图

（1）图名和比例；

（2）画出房间的室内轮廓线、隔断、花台、装饰造型和墙柱面的处理情况等，还要画出墙面、柱面、门窗、阳台、台阶、楼梯、装饰物、家具、灯具等装饰；

（3）各部位的尺寸及标高；

（4）立面两端的轴线及编号；

（5）各部分用文字标示，应体现面层材料、色彩、油漆种类、功能、做法（此类文字标示字体及大小应一致）；

（6）各部分的构造和装饰节点详图，剖面的索引符号。

6. 室内装饰节点图、大样图及详图

节点图是指需要额外画出做法、尺寸、材料、工艺的节点位置的施工图。

大样图即放大图，用较大比例绘制出局部要体现清楚的细节。

详图是指在施工图中，有时由于受图纸幅面、比例的制约，对于装饰细部、装饰构配件及某些装饰剖面节点的详细构造常常难以表达清楚，给施工带来困难，有的甚至无法施工。这时必须另外用放大的形式绘制图样才能表达清楚，满足施工的需要，这样的图样就称为详图。详图是其他施工图样的补充，其作用是满足装饰细部施工的需要。详图能表达出装饰构造的具体形状及尺寸、饰面所用材料和工艺做法要求、构配件相互关系（图 5-26~图 5-41，高清大图扫描二维码 28 查看）。

28— 图 5-26~ 图 5-41 高清大图

7. 材料表

装饰施工图上的材料名称及编号作为文字，无法准确直观地传递颜色、纹样、款式，为了弥补这一缺陷，使用表格罗列出装饰施工图纸上的材料编号（如 CT-01 白色仿石材砖）——对应的材料的彩色图片，便于材料采购时选样，详见二维码 29。

29— 某样板间材料表

8. 软装清单

为了更好地呈现设计效果，软装搭配必不可少。以上材料表囊括了主要的硬装材料，而软装陈设的内容被罗列在软装清单里，形成软装设计表达的重要组成部分，便于后期采购（表 5-1~表 5-8）。

5.2.2 建筑室内装饰设计其他设施设备的 CAD 施工图

室内空间主要设施设备有水、电、暖通、消防等。一般在土建施工阶段，主要设施设备均已基本铺设完成，其安装的位置将直接影响空间的室内设计。

1. 给水排水设备

通常在土建施工阶段就进行给水排水管道的铺设。与室内设计有密切关系的主要是与用水和排污有关的设备。不同的用水和排水处理方式需要不同的设施及设计、安装方式。在进行室内设计时，设计师需要充分考虑这些设施在安装、使用以及后期维护过程中必要的条件要求。以下为给水排水图（图 5-42~图 5-45，高清大图扫描二维码 30 查看）。

30— 图 5-42~ 图 5-45 高清大图

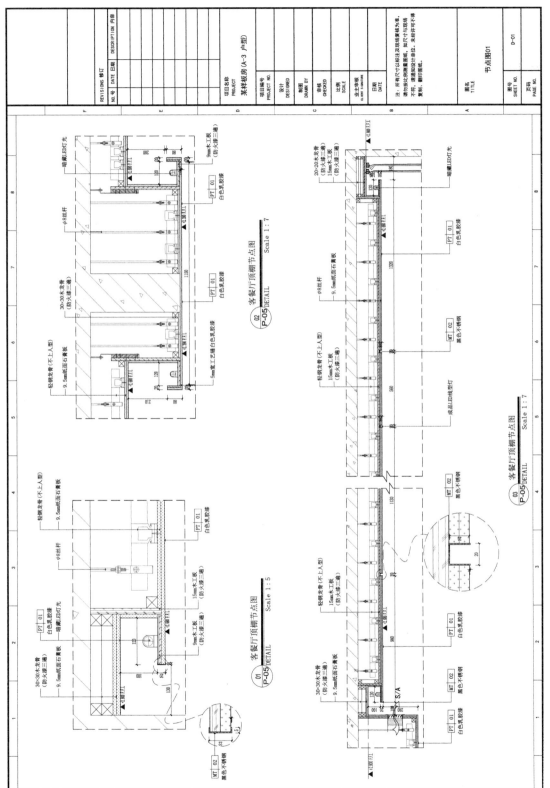

图 5-26 某样板间装饰施工图客餐厅顶棚节点图

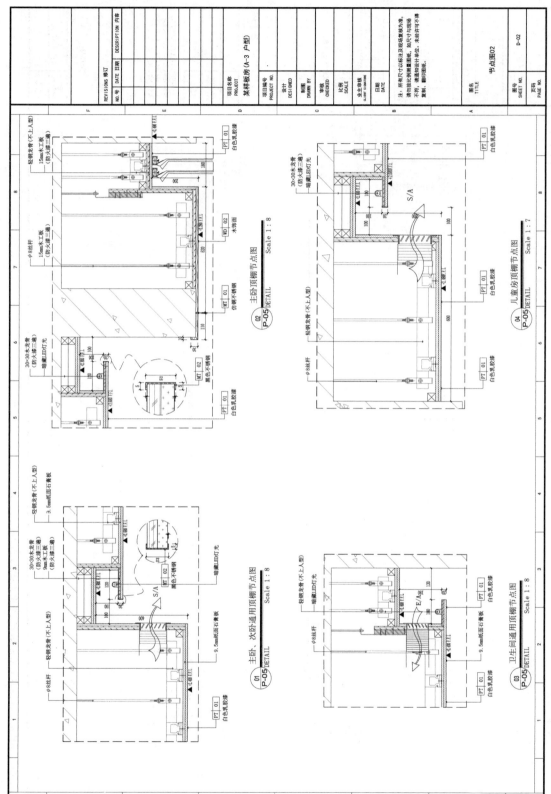

图 5-27 某样板间装饰施工图主、次卧、卫生间、儿童房顶棚节点图

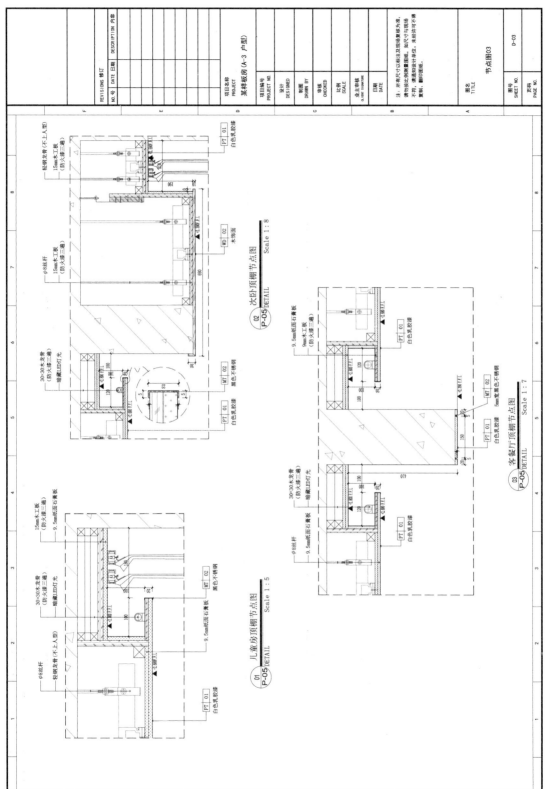

图 5-28 某样板间装饰施工图儿童房、次卧、客餐厅顶棚节点图

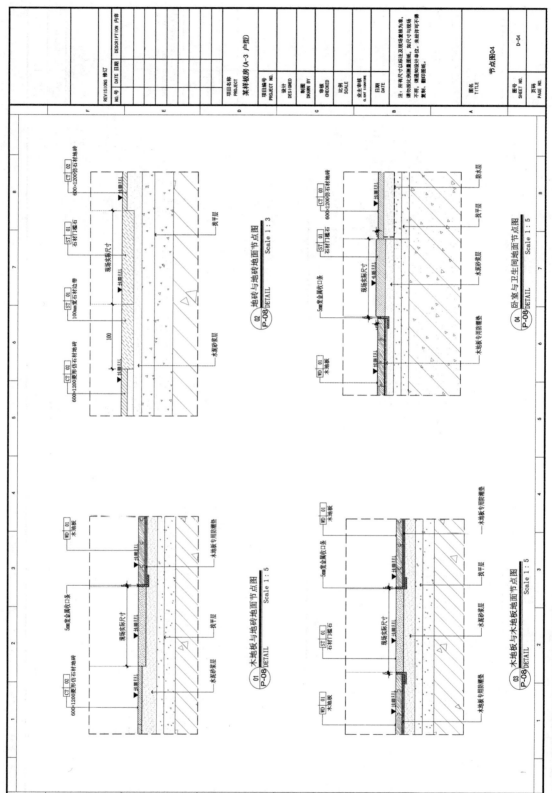

图 5-29 某样板间装饰施工图地面节点图一

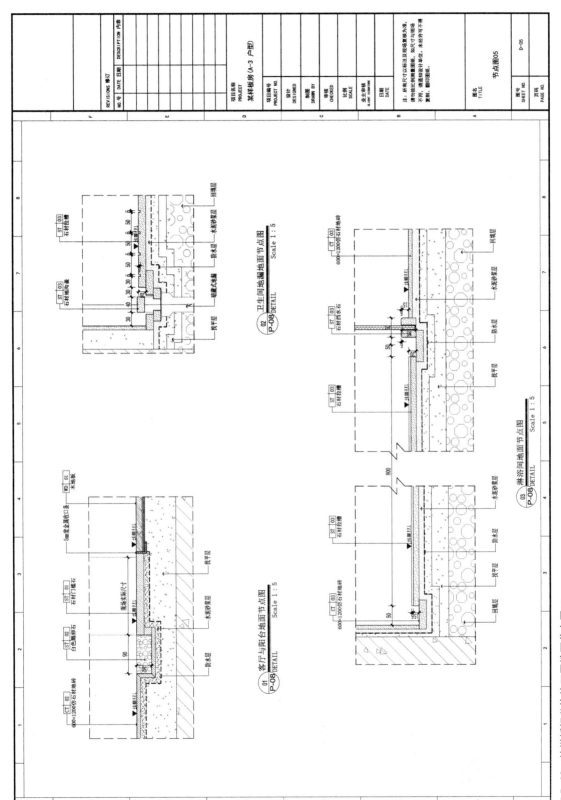

图 5-30　某样板间装饰施工图地面节点图二

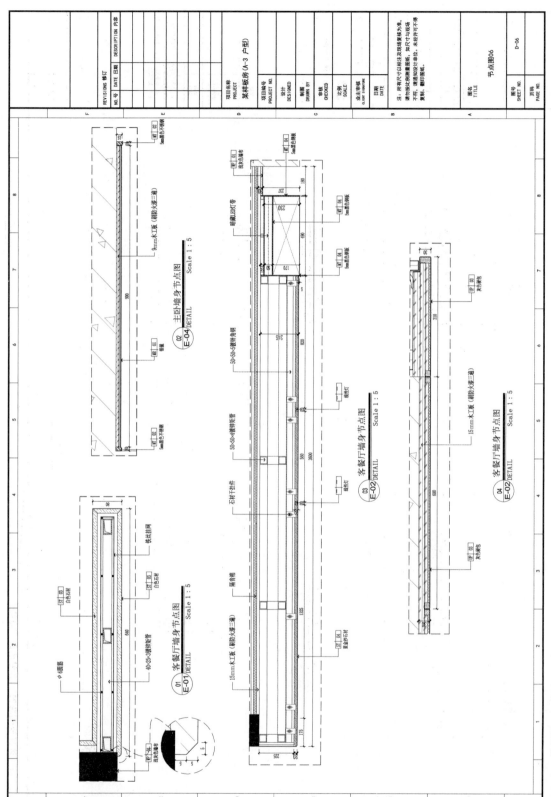

图 5-31 某样板间装饰施工图墙身节点图

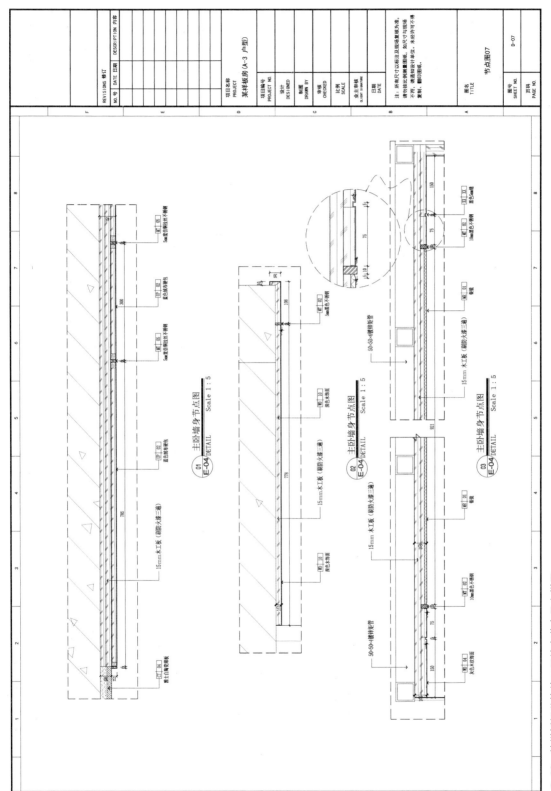

图 5-32　某样板间装饰施工图墙身节点及大样图

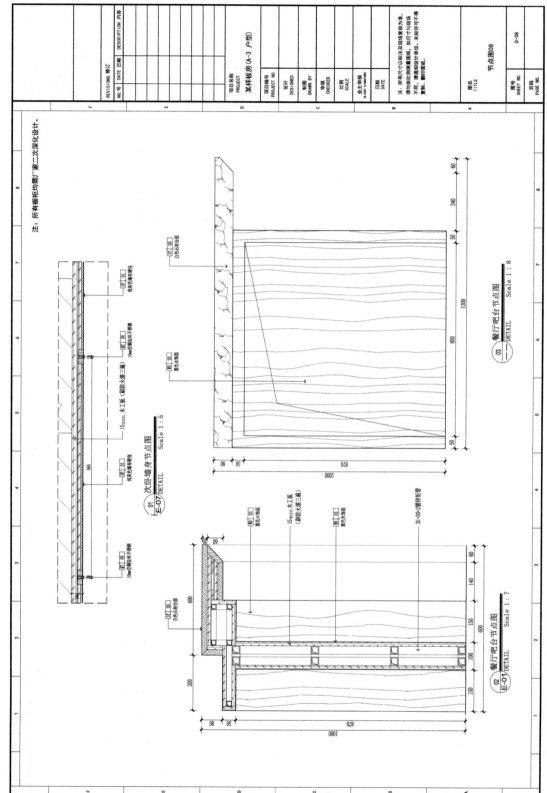

图 5-33 某样板间装饰施工图吧台节点图

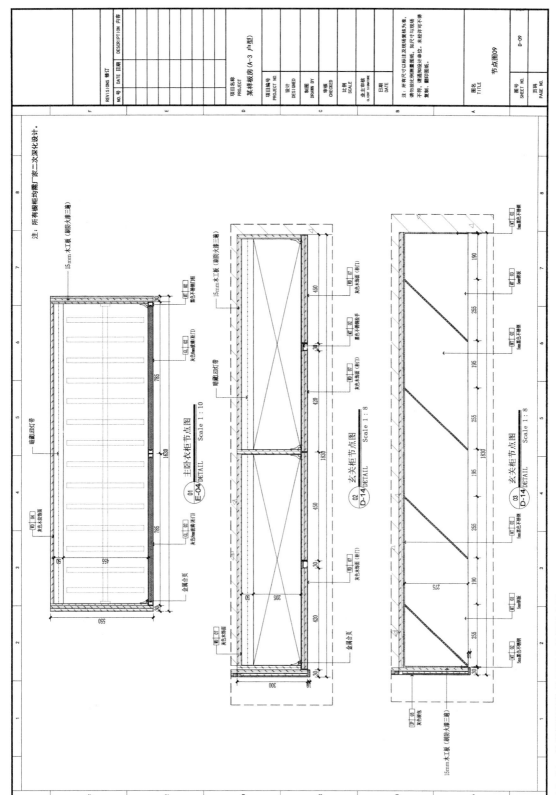

图5-34 某样板间装饰施工图玄关柜节点图

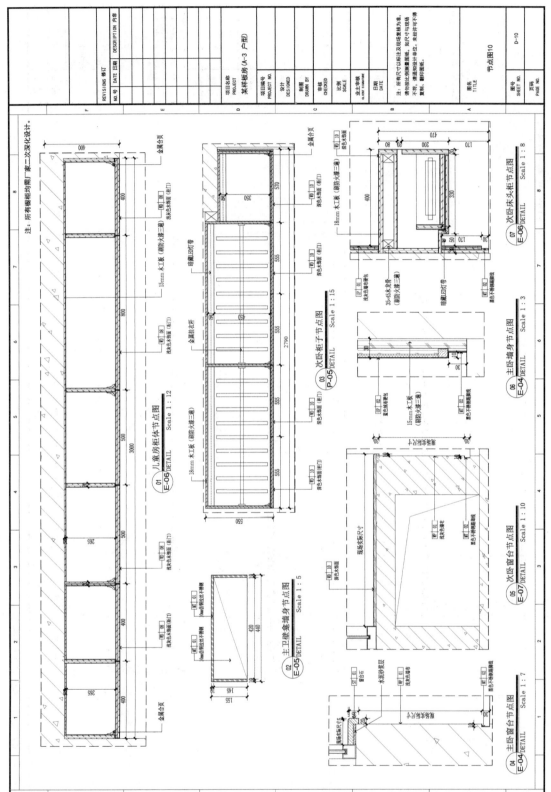

图 5-35 某样板间装饰施工图窗台、墙身、柜子节点图

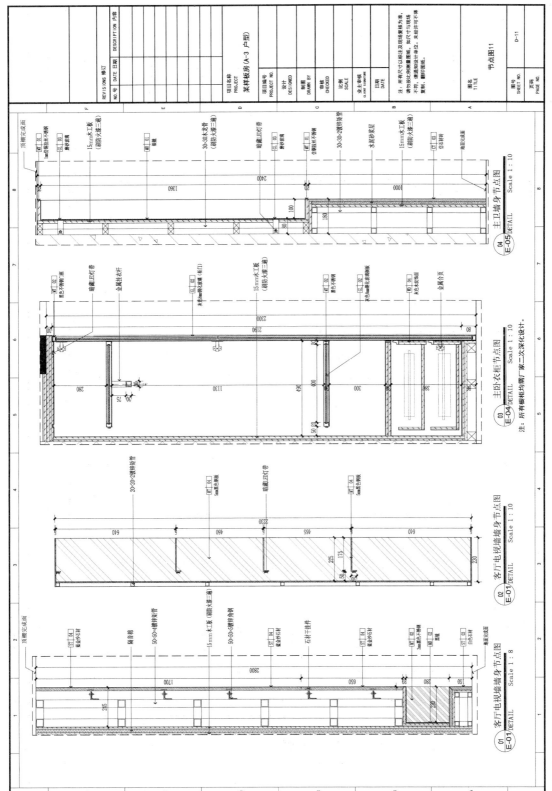

图 5-36　某样板间装饰施工图墙身、衣柜节点图

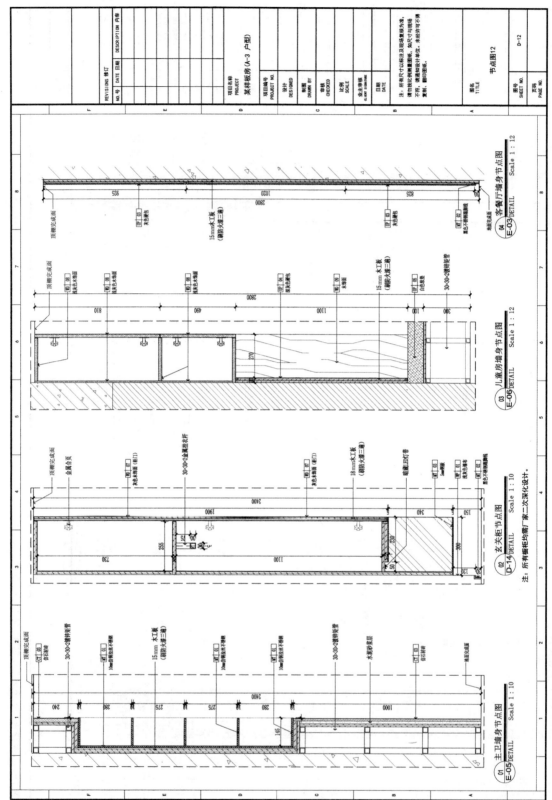

图 5-37 某样板间装饰施工图墙身、柜子节点图

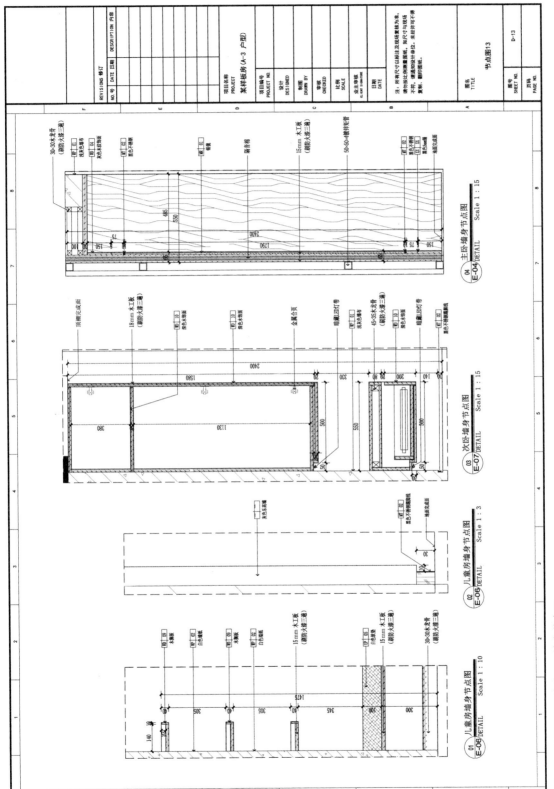

图 5-38　某样板间装饰施工图墙身节点图

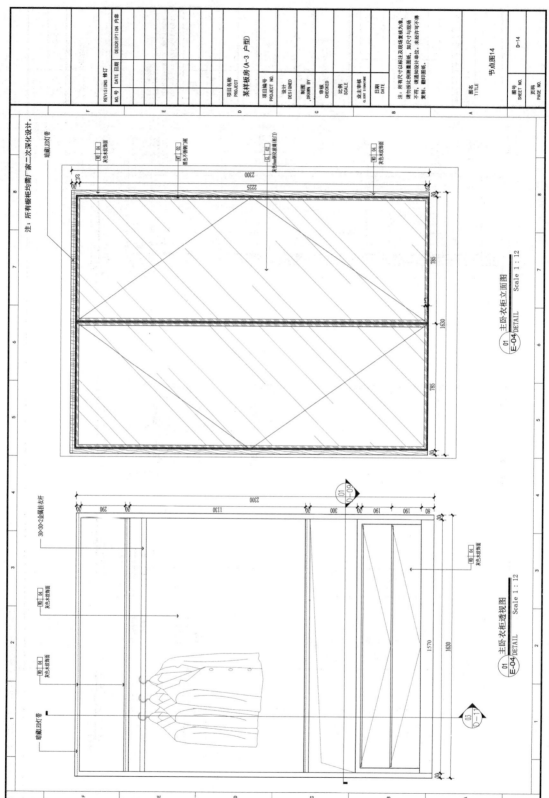

图 5-39 某样板间装饰施工图衣柜立面图

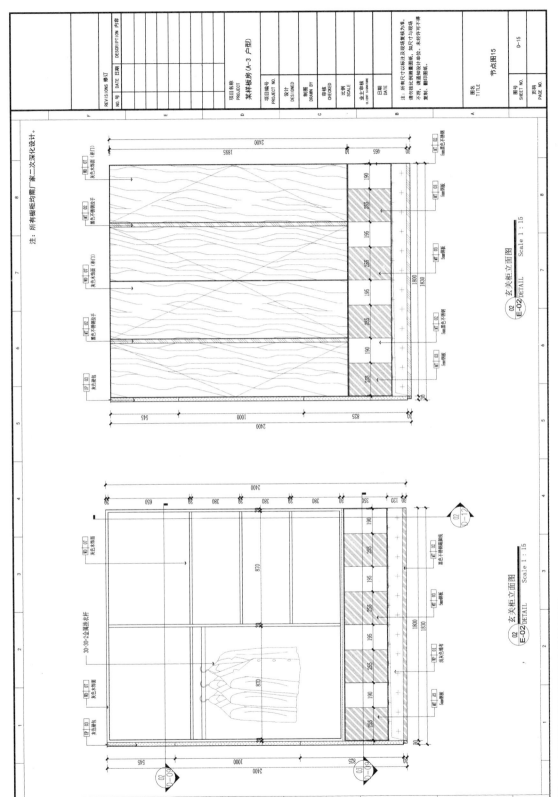

图5-40 某样板间装饰施工图玄关柜立面图

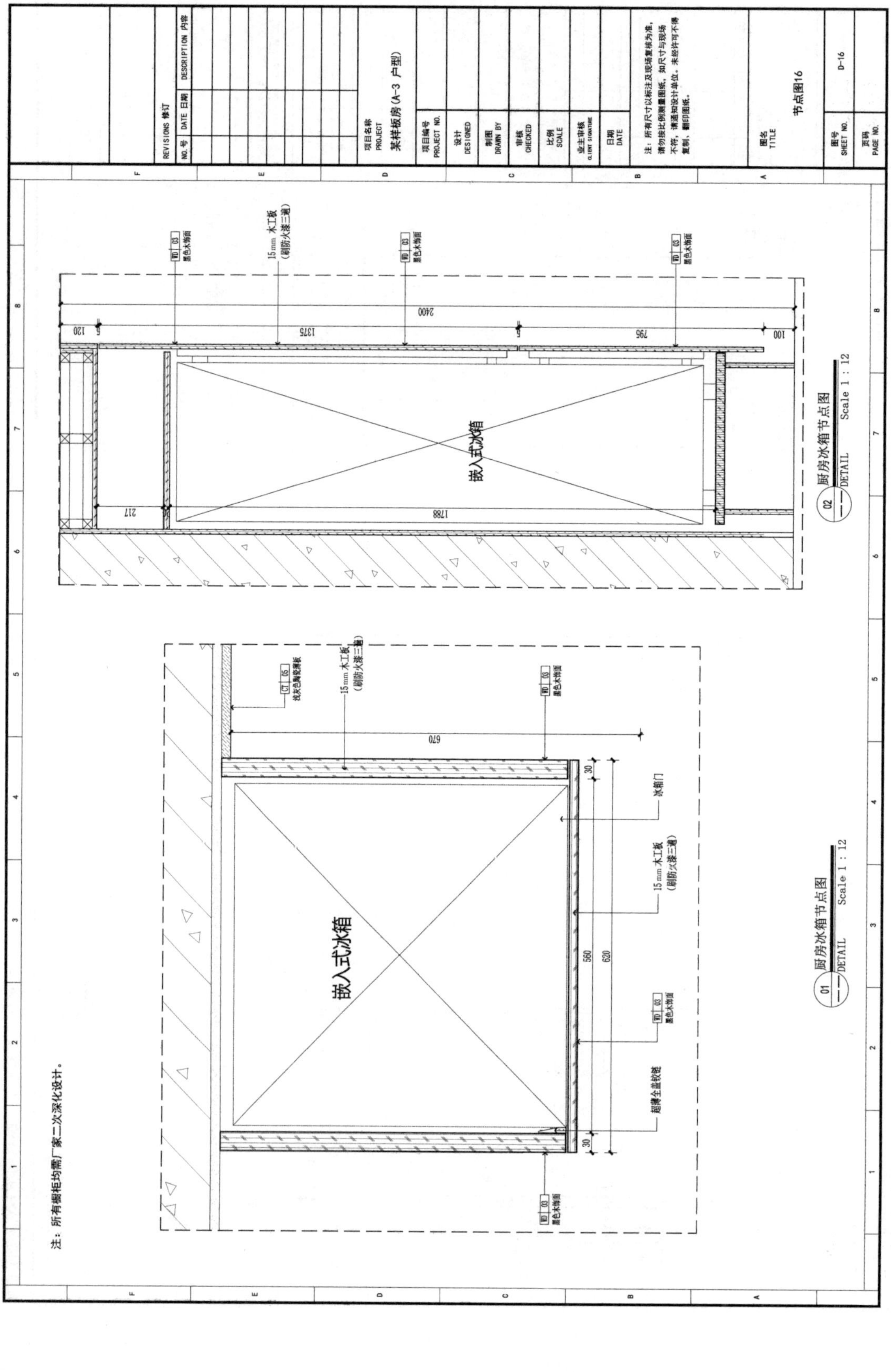

图 5-41 某样板间装饰施工图冰箱节点图

某样板间软装清单汇总表 表 5-1

序号	项目	数量	备注
1	家具	23	详见家具清单
2	灯具	14	详见灯具清单
3	地毯	5	详见地毯清单
4	饰品	35	详见饰品清单
5	挂画	2	详见挂画清单
6	布艺	20	详见布艺清单
7	墙纸及硬包	7	详见墙纸及硬包清单
合计		106	

某样板间软装清单——家具清单 表 5-2

序号	位置	名称	图片	单位	数量	尺寸 (mm)	材料说明	备注
1	玄关	换鞋凳		把	1	1500 × 440 × 450	丝绒 + 金属	
2	餐厅	餐椅		把	6	500 × 500 × 850	皮革 + 木材	
3	吧台	吧椅		把	1	400 × 400 × 800	皮革 + 木材	
4	客厅	沙发凳		个	1	500 × 500 × 400	丝绒	
5		书桌		张	1	1500 × 900 × 750	木材	
6		单椅		把	1	580 × 560 × 800	皮革 + 金属	
7		柜子		个	1	1600 × 300 × 600	板木	
8		沙发		张	1	总长 3250 (880) × 总宽 2200 (1000) × 总高 730 (坐垫 480)	丝绒	
9		茶几		个	1	800 × 800 × 250	毛毡布 + 黑玻 + 木	
10		边几		个	1	600 × 300 × 550	金属 + 黑玻璃	
11		餐桌		张	1	2000 × 900 × 750	石材 + 金属	
12	次卧	双人床		张	1	2000 × 1500 × 1150 (床垫高 530)	皮革 + 木	

序号	位置	名称	图片	单位	数量	尺寸（mm）	材料说明	备注
13	主卧	双人床		张	1	2000×1800×1050（床垫550）	皮革＋布＋木	
14		床头柜		个	1	500×400×550	板木＋金属	
15		床头柜		个	1	400×400×520	皮革＋木	
16	主卧	休闲椅		把	1	850×610×850	布料＋木材	
17		边几		张	1	φ680×400	石材＋木材＋金属	
18		首饰柜		个	1	1000×400×800	玻璃＋木材	
合计					23			

注：所有家具需厂家后期深化，以深化图尺寸为准。

某样板间软装清单——灯具清单 表5-3

序号	位置	名称	图片	单位	数量	尺寸（mm）	材料说明	备注
1	吧台	壁灯		个	1	φ100×450	金属	
2		床头落地灯		组	1	φ370×730 φ370×1370	玻璃＋金属	
3	主卧	飘窗落地灯		个	1	H1895	金属	
4		首饰柜吊灯		组	1	φ150（h=180）	玻璃＋金属	
5	客厅	书桌台灯		个	1	φ300×450	玻璃＋金属	
6	次卧	台灯		个	2	φ330×460	金属	
7	客厅	落地灯		个	1	φ450×1780	金属	

序号	位置	名称	图片	单位	数量	尺寸（mm）	材料说明	备注
8	主卧	床头壁灯		个	1	ϕ800	陶瓷＋金属	
9				个	1	ϕ550	陶瓷＋金属	
10		热气球吊灯		个	1	460×360×1000		
11	儿童房			个	1	460×200	亚克力发光字	
12		壁灯		个	1	330×280		
13				个	1	300×300		
合计					14			

某样板间软装清单——地毯清单　　　　　　　　　　表5-4

序号	位置	名称	图片	单位	数量	尺寸（mm）	材料说明	备注
1	客厅	块毯		块	1	3500×2000		
2		块毯		块	1	3000×2200		
3	主卧	块毯		块	1	2500×1200		
4	次卧	块毯		块	1	2000×1200		
5	儿童房	块毯		块	1	1400×1000		
合计					5			

序号	位置	名称	图片	单位	数量	尺寸 (mm)	材料说明	备注
1	玄关	旅行包		个	1		皮革	
2	客厅	矮柜摆件		组	1			
3		书桌摆件		组	1			
4				个	1		金属	
5		书架摆件		组	1	H360		
6				组	1	H470		
7				个	1	ϕ260，H360		
8				个	1	300×H480		
9		装饰摆件		个	1	H1600		
10		墙饰		组	1	ϕ350	陶瓷	
11		茶几摆件		组	1			
12		电视墙摆件		组	1	H220，H170	陶瓷	
13		装饰镜面		面	1	1550×1430 定制自由形		
14	餐厅	餐桌烛台		组	1		金属	
15		餐桌花艺		件	1		石材＋金属	
16				瓶	1		玻璃＋花艺	

序号	位置	名称	图片	单位	数量	尺寸（mm）	材料说明	备注
17	餐厅	餐桌餐具		套	6			
18	次卧	墙饰		个	1	φ540×长860	金属+陶瓷	
19		摆件		组	1			
20	主卫	壁龛摆件		组	1			
21		花艺摆件		件	1		金属+花艺	
22		装饰摆件		组	1			
23	主卧	床头摆件		个	1			
24		床头摆件		组	1			
25		边几酒杯		组	1			
26		梳妆桌摆件		组	1			
27		床上摆件		个	1			
28	儿童房	装饰摆件		个	1			
29				个	1			
30				个	1			
合计					35			

注：具体饰品款式以实物为准。

某样板间软装清单——挂画／挂件清单　　　　　　　　　　　　　表 5-6

序号	位置	名称	图片	单位	数量	尺寸（mm）	材料说明	备注
1	玄关	装饰挂画		幅	1	1500×1000		
2	主卧	装饰挂画		幅	1	930×1500		
合计					2			

注：所有挂画尺寸需后期深化，以深化图尺寸为准。

某样板间软装清单——布艺清单　　　　　　　　　　　　　　　表 5-7

序号	位置	名称	图片	单位	数量	尺寸（mm）	材料说明	备注
1	客厅	窗帘		幅	3		绒布	
2		窗纱		幅	3			
3	主卧	窗帘		幅	2		绒布	
4		窗纱		幅	2			
5	次卧	窗帘		幅	2		绒布	
6		窗纱		幅	2			
7	儿童房	窗帘		幅	2		绒布	
8		窗纱		幅	2			
9	主卫	百叶		幅	1	1550×650	铝	
10	次卫	百叶		幅	1	1550×650	铝	
合计					20			

注：窗帘尺寸需现场复尺，以现场尺寸为准。

某样板间软装清单——墙纸及硬包清单   表5-8

序号	位置	名称	图片	单位	数量	尺寸（mm）	材料说明	备注
1	餐厅	墙布			1	5600×2650	绒布硬包	
2	玄关	墙布			1			
3	通道	墙布			1			
4	儿童房	墙布			1			
5	主卧	墙布			1			
6		绒布硬包			1		绒布硬包	
7	次卧	墙布			1			
合计					7			

注：尺寸需现场复尺，以现场尺寸为准。

2. 电气设备

室内空间对用电的要求很高，电源的选择、照明环境的区分、灯具的选择及照度的要求在室内设计时应给予足够的关注。室内设计的电气系统可分为强电（电源）和弱电（网络）两部分。在设计时，要了解电气系统的铺设现状，分清强电与弱电线路，在布线时要避免强弱干扰。如果是改造项目，新的室内空间功能与原始建筑功能不一致时，就需要重点考虑强电的改造，了解原始建筑强电的配置情况，并根据新的功能需求加以调整设计。以下为电气图（图5-46~图5-53，高清大图扫描二维码31查看）。

31— 图 5-46~ 图 5-53 高清大图

3. 暖通空调设备

暖通空调系统可以调节室内环境的温度与湿度，营造良好的温度、适宜的室内环境。其分为供冷与供暖空调。空调内机的位置将直接影响室内吊顶的高度与造型。

4. 消防系统

公共空间的消防系统包括消防栓、给水系统、自动喷水灭火系统、其他固定灭火设施、报警与应急疏散设施等内容，在设计时需要考虑以上消防设施的布置位置及安装方式。

当装饰装修工程含以上设备设计时，图纸的编排顺序应按内容的主次关系、逻辑关系有序排列，通常以装饰装修图、给水排水图、电气图、暖通空调图等依次排序。

图纸目录表

序号	图纸编号	图纸名称	图别	图幅	比例
1	ML	图纸目录表			
2	SS-00	给水排水设计说明	施工图	A3	
3	SS-01	给水平面布置图	施工图	A3	1:70
4	SS-02	排水平面布置图	施工图	A3	1:70
5					
6					
7					
8					
9					
10					
11					
12					
13					
14					
15					
16					
17					
18					
19					
20					
21					
22					
23					
24					
25					
26					
27					
28					
29					
30					
31					
32					
33					
34					
35					
36					
37					
38					
39					
40					

图纸目录表

序号	图纸编号	图纸名称	图别	图幅	比例
41					
42					
43					
44					
...					
80					

图纸目录表

序号	图纸编号	图纸名称	图别	图幅	比例
81					
82					
...					
120					

标题栏:

REVISIONS 修订 / NO. 号 DATE 日期 DESCRIPTION 内容

项目名称 PROJECT: 某样板房（A-3 户型）
项目编号 PROJECT NO.
设计 DESIGNED
制图 DRAWN BY
审核 CHECKED
比例 SCALE
业主签字 CLIENT SIGNATURE
日期 DATE

注：所有尺寸以标注及现场复核结果为准，请勿按比例测量图纸，如尺寸与现场不符，请通知设计单位，未经许可不得复制、翻印图纸。

图名 TITLE：图纸目录表
图号 SHEET NO.：ML
页码 PAGE NO.

图5-42 某样板间装饰施工图给水排水图目录

图5—43　某样板间装饰施工图给水排水设计说明

给水排水设计说明

一、工程概况
本工程为某样板房（A-3户型）装饰工程给水排水部分。

二、设计依据
1.《建筑给水排水设计标准》GB 50015—2019；
2.《给水排水管道工程施工及验收规范》GB 50268—2008；
3.《建筑给水排水及采暖工程施工质量验收规范》GB 50242—2002；
4.《民用建筑节水设计标准》GB 50555—2010；
5.《节水型生活用水器具》CJ/T 164—2014；
6.建设单位与工种提供的有关资料；
7.建设单位提供的本工程有关资料和设计任务书。

三、设计范围
室内主要部分给水排水。

四、管道系统
1. 生活给水系统
a. 部分洁具安装高度分别为：
台盆（H=0.45），淋浴机龙头（H=1.20），H为地坪标高，塑料给水管道不得有加热装置直接连接，应有不小于1.0m的金属管道过渡段设置。
c. 室内生活给水表后，应按设计规定对管道系统进行试验，要求以不小于1.5m/s的流速进行冲洗，并符合《建筑给水排水及采暖工程施工质量验收规范》GB 50242—2002第4.2.3条的规定。
d. 管道安装完毕后，应按设计规定进行水压试验、通水试验。
e. 给水管道在系统运行前应用清水冲洗和消毒，冲洗以各配水点出水的色度和透明度与进水一致为合格。
f. 给水立管均为吊顶内敷设，接入洗漱台内接水器。
2. 生活排水系统
a. 室内排水立管采用PVC管，用PVC专用胶水粘接，排水系统、排水横管。
b. 所有给水立管均可按预留土建预留孔洞或已安装立管后进行和便器连接。
c. 施工时必须注意排水管道，隐蔽前应进行灌水及通水试验，试验结果须满足设计和有关施工验收规范要求。

五、节水专篇
1. 卫生洁具采用节水型，当水压大于0.20MPa时，在该支管处必须设置分区或区域减压阀以保证给水设备的使用时间，更可避免水压过大造成浪费，达到节约目的。
2. 给水系统应充分利用城镇给水管网的水压直接供水，当给水管道倒流污染止回阀时，应将管道倒流防止器设置。
3. 给水供应系统应充分利用分质设置冷水表计量。
4. 给水系统中使用的管材、管件必须符合现行国家或行业标准、符合现行国家有关卫生标准的要求，不得使用过热头水性考虑在内。

六、材料管理

a. 管道可采用塑料给水管、塑料和金属复合管、钢管、不锈钢管等，经久耐用的材料。全不锈钢，铁芯铜芯和全塑阀门等，不易锈蚀，不易腐蚀，不易磨损的主要材料，成品、半成品、配件、器具和设备必须具有符合国家技术标准和设计要求，进场时应做检查验收，并经相关工程和检查确认，本工程排水洞应采用网框式地漏。
b. 型号及性能检测报告应符合合国家技术标准中文配具有中文质量合格证明文件，阀门和配件应齐全。
七、其他
1. 给水器具安装阀（减）截止阀，入口处装表以装饰图册使用尺寸为准；
2. 洁具安装具体位置详见图册并以装饰施工图册详图尺寸为准；
3. 图中所标管径均为内径（详见给水排水平面图）；
4. 卫生间具体做法须结合国家和装饰施工规范施工，并做防污分流；
5. 图中未标详尽之处请现场协助解决；
6. 严格按照有关规定和规范施工。

保温材料可采用岩棉、超细玻璃棉、硬聚氨酯、橡塑泡沫等，厚度如下：

管径(mm)	15,20	25~50	65~100	>100
保温层厚度(mm)	20	30	40	50

塑料给水管外径与公称直径（内径）对照表：

公称直径（内径）	DN15	DN20	DN25	DN32	DN40	DN50
塑料给水管外径	De20	De25	De32	De40	De50	De63

管道支撑间距表：

公称直径ID(mm)	50	75	100	150
水平管	0.5	0.75	1.1	1.6
立管	1.2	1.5	2.0	2.0

图例	名称	图例	名称
──Ｗ──	污水管		止回阀
──Ｊ──	给水管		地漏
──Ｆ──	废水管		截止阀

REVISIONS 修订
| NO. 号 | DATE 日期 | DESCRIPTION 内容 |

项目名称 PROJECT　某样板房（A-3户型）
项目编号 PROJECT NO
设计 DESIGNED
制图 DRAWN BY
审核 CHECKED
比例 SCALE
业主审核 CLIENT SIGNATURE
日期 DATE
图名 TITLE　给水排水设计说明
图号 SHEET NO　SS-00
页码 PAGE NO

注：所有尺寸以及现场实际情况为准。
请勿按比例测量图纸，如尺寸不与现场相符不得、请通知设计单位，未经许可不得翻印、翻印图纸。

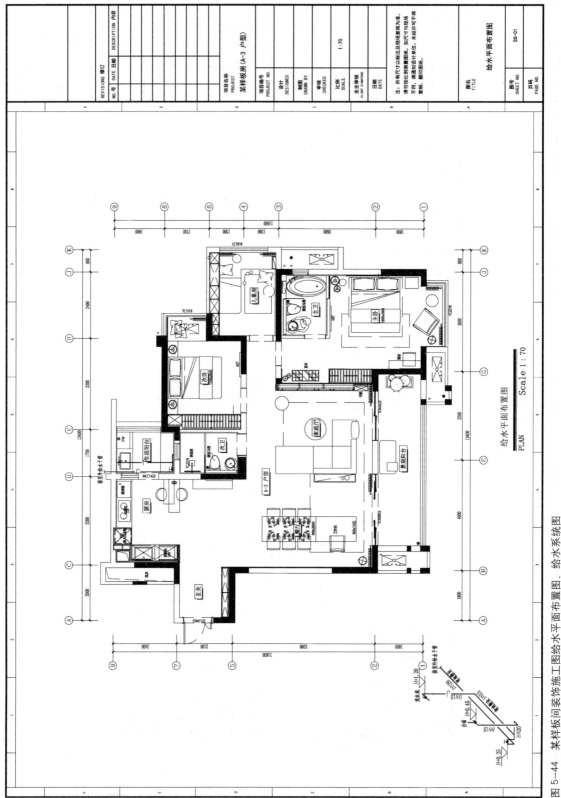

图 5—44 某样板间装饰施工图给水平面布置图、给水系统图

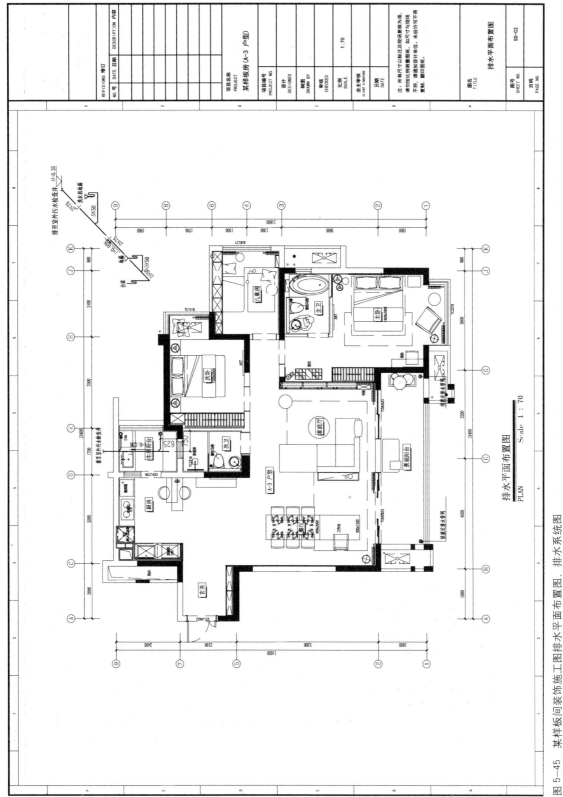

图 5-45 某样板间装饰施工图排水平面布置图、排水系统图

图纸目录表

序号	图纸编号	图纸名称	图别	图幅	比例
1	ML	图纸目录表	施工图	A2	
2	DS-001	电气设计说明	施工图	A2	
3	DS-002	电气设备主材料表	施工图	A2	
4	DS-003	配电系统图	施工图	A2	
5	DS-C01	插座平面配电图	施工图	A2	1：70
6	DS-C02	插座平面定位图	施工图	A2	1：70
7	DS-Z01	照明平面配电图	施工图	A2	1：70
8	DS-Z02	灯具控制示意图	施工图	A2	1：70
9					
10					
11					
12					
13					
14					
15					
16					
17					
18					
19					
20					
21					
22					
23					
24					
25					
26					
27					
28					
29					
30					

序号	图纸编号	图纸名称	图别	图幅	比例

修订 REVISIONS
号 NO. 日期 DATE 内容 DESCRIPTION

项目名称 PROJECT：某样板房(A-3 户型)
项目编号 PROJECT NO.
设计 DESIGNED
制图 DRAWN BY
审核 CHECKED
比例 SCALE：1：70
业主审核 CLIENT SIGNATURE
日期 DATE

注：所有尺寸以标注及现场复核标为准，请勿按比例测量图纸，如尺寸与现场不符，请通知设计单位，未经许可不得复制、翻印图纸。

图名 TITLE：图纸目录表
图号 SHEET NO.：ML
页码 PAGE NO.

图5-46 某样板间装饰施工图电气图目录

电气设计说明

一、设计依据
1. 《住宅设计规范》GB 50096—2011;
2. 《民用建筑电气设计标准》GB 51348—2019;
3. 《建筑照明设计标准》GB 50034—2013;
4. 《建筑安装工程施工图集》（第三版），柳涌主编;
5. 《建筑电气工程施工质量验收规范》GB 50303—2015;
6. 《建筑设计防火规范》GB 50016—2014(2018年版);
7. 相关专业提供的工程设计资料。

二、工程概况
本工程为某样板房防A-3户型示范单位电气部分（详见相关资料）。

三、设计内容
装饰配电插座、照明配电图、弱电点位布置图及装饰配电系统图。

四、设计补充说明
1. 电源由配电箱 AL 引来（详见系统及平面图）。
2. 配电箱的具体位置及其引出各导线均采用PVC线管保护，所有管暗敷于天花、地或墙暗敷设;
3. 对于电气图中不能标示的壁灯或其他灯具的控制，诸以备用回路合理分配。位置诸查阅装饰图;
4. 开关采用暗带翘板开关，开关安装标高通常为1.3m。安装低于1.8m的插座选用安全型插座。插座安装高度通常为0.3m，1.0.5条电气节能要求，照明应采用节能型灯具。
5. 除图中标明以外，插座导线均为3×4mm²，照明导线为3×2.5mm²，均采用PVC线管保护;
6. 本工程弱电以专业弱电公司设计为准，本设计点位仅供参考，空调详见专业空调公司设计资料;
7. 图中未标示尽之处以诸以装饰图为准或在现场协商解决;
8. 导线规格根据本设计负荷范围确定;如超过该负荷范围，诸联系相关专业设计师，以便确定导线规格及回路变化;
9. 严格按照有关行业标准和规范施工。

ZRBV-2.5mm²端芯导线穿PVC塑料管管径选择表

导线根数	2~3根	4~5根	6~8根	9根及以上
穿管管径	PC16	PC20	PC25	按此原则选多管组合

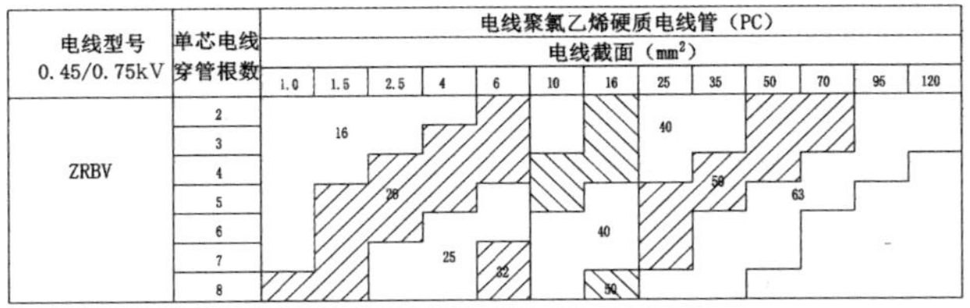

电线聚氯乙烯硬质电线管（PC）

电线型号	单芯电线穿管根数	电线截面（mm²）													
		1.0	1.5	2.5	4	6	10	16	25	35	50	70	95	120	
ZRBV 0.45/0.75KV	2														
	3														
	4														
	5														
	6														
	7														
	8														

说明：电线穿保护管时，其总截面积（包括外护层）按不大于保护管内孔面积的40%计算。

常用导线敷设部位标注说明

WC	暗敷设在墙内
CC	暗敷设在顶板内
FC	暗敷设在地板及地坪下

常用导线穿管表示说明

MT/KBG	穿电线管敷设
PC/PVC	穿聚氯乙烯硬质管敷设

住户建筑每户照明功率密度限值

房间或场所	照度标准值(1x)	照明功率密度限值（W/m²）	
		现行值	目标值
起居室	100		
卧室	75	≤6.0	≤5.0
餐厅	150		
厨房	100		
卫生间	100		

REVISIONS 修订
NO. 号 | DATE 日期 | DESCRIPTION 内容

项目名称 PROJECT: 某样板房（A-3 户型）
项目编号 PROJECT NO.
设计 DESIGNED
制图 DRAWN BY
审核 CHECKED
比例 SCALE
业主审定 OLTNRY SIGNATURE
日期 DATE

图名 TITLE: 电气设计说明
图号 SHEET NO.: DS-001
页码 PAGE NO.

注：所有尺寸以标注及据原基础长度为准，请勿按比例测量原图，如尺寸与图选不符，请重新核定多管组合类型，翻印倒词。

图5-47 某样板间装饰施工图电气设计说明

电气设备主材料表

序号	图例	名称	规格	单位	数量	备注
1		照明配电箱	220V	台	按实	
2		墙面接线端头	220V	个	按实	下口距地0.3m安装
3		暗装冰箱插座	A8/426/10USU/250V	个	按实	下口距地0.3m安装
4		暗装洗衣机插座（带开关）	A8/426/10USU/250V/K	个	按实	下口距地1.2m安装
5		密闭防水插座	A8/426/10USU/250V	个	按实	下口距地卫生间1.3m/坐便器0.3m安装
6		弱电箱电源插座	A8/426/10USU/250V	个	按实	安装在弱电箱内
7		暗装抽油烟机插座	A8/426/10USU/250V	个	按实	下口距地2.2m安装
8		暗装热水器插座	A8/426/10USU/250V	个	按实	下口距地1.8m安装
9		暗装电饭煲插座（带开关）	A8/426/10USU/250V/K	个	按实	下口距地1.1m安装
10		暗装五孔插座	A8/426/10USU/250V	个	按实	下口距地0.3/0.5/0.65/1.3m安装
11		带USB手机充电插座	USB/426/10USU/250V	个	按实	下口距地0.65m安装
12		网络单口插座	A8/C01/RJ45	个	按实	下口距地0.9m安装
13		电视信号插座	A8/TVRA01	个	按实	下口距地0.9m安装
14		专用行程开关	250V 10A	个	按实	安装在柜门上口
15		三联双控开关	250V 10A	个	按实	下口距地1.3m安装
16		单联单控开关	250V 10A	个	按实	下口距地1.3m安装
17		双联单控开关	250V 10A	个	按实	下口距地1.3m安装
18		空调控制开关	250V 10A	个	按实	下口距地1.3m安装
19		三联单控开关	250V 10A	个	按实	下口距地1.3m安装
20		总控开关	220V 20A	个	按实	下口距地1.3m安装
21		导线	ZRBV	m	按实	
22		导管	PVC	m	按实	

REVISIONS 修订

NO. 号	DATE 日期	DESCRIPTION 内容

项目名称 PROJECT 某样板房(A-3 户型)

项目编号 PROJECT NO.

设计 DESIGNED

制图 DRAWN BY

审核 CHECKED

比例 SCALE

业主审核 CLIENT SIGNATURE

日期 DATE

注：所有尺寸以标注及现场复核为准，请勿按比例测量图纸，如尺寸与现场不符，请通知设计单位。未经许可不得复制、翻印图纸。

图名 TITLE 电气设备主材料表

图号 SHEET NO. DS-002

页码 PAGE NO.

图 5–48 某样板间装饰施工图电气设备主材料表

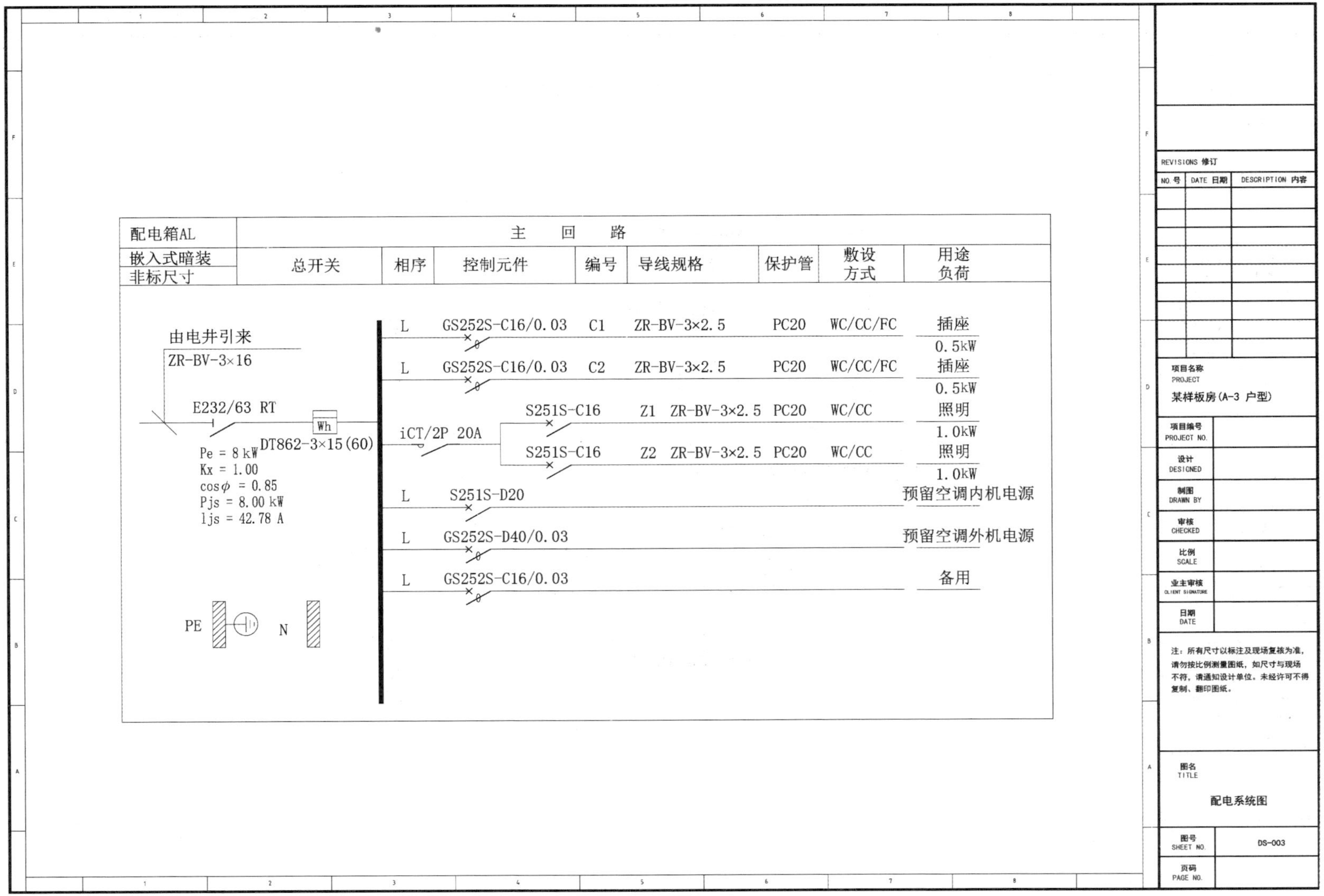

图 5-49 某样板间装饰施工图配电系统图

配电箱AL
嵌入式暗装
非标尺寸

由电井引来
ZR-BV-3×16

E232/63 RT

DT862-3×15(60) Wh

Pe = 8 kW
Kx = 1.00
cosφ = 0.85
Pjs = 8.00 kW
Ijs = 42.78 A

PE
N

主回路							
总开关	相序	控制元件	编号	导线规格	保护管	敷设方式	用途负荷
	L	GS252S-C16/0.03	C1	ZR-BV-3×2.5	PC20	WC/CC/FC	插座
	L	GS252S-C16/0.03	C2	ZR-BV-3×2.5	PC20	WC/CC/FC	插座 0.5kW
		S251S-C16	Z1	ZR-BV-3×2.5	PC20	WC/CC	照明 0.5kW
	iCT/2P 20A	S251S-C16	Z2	ZR-BV-3×2.5	PC20	WC/CC	照明 1.0kW
	L	S251S-D20					预留空调内机电源 1.0kW
	L	GS252S-D40/0.03					预留空调外机电源
	L	GS252S-C16/0.03					备用

REVISIONS 修订
NO 号 DATE 日期 DESCRIPTION 内容

项目名称
PROJECT 某样板房 (A-3 户型)

项目编号
PROJECT NO
设计
DESIGNED
绘图
DRAWN BY
审核
CHECKED
比例
SCALE
业主审核
CLIENT SIGNATURE
日期
DATE

注：所有尺寸以标注及现场实测为准。
请勿按比例测量图纸。如尺寸与现场
不符，请通知设计单位，未经许可不得
复制、翻印图纸。

图名
TITLE 配电系统图

图号
SHEET NO DS-003
页码
PAGE NO

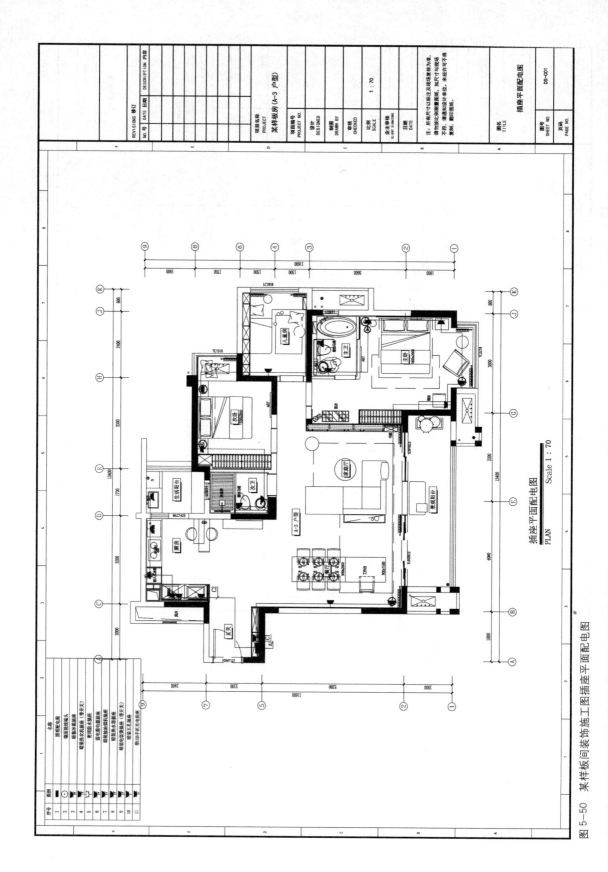

插座平面配电图
PLAN   Scale 1 : 70

图 5-50　某样板间装饰施工图插座平面配电图

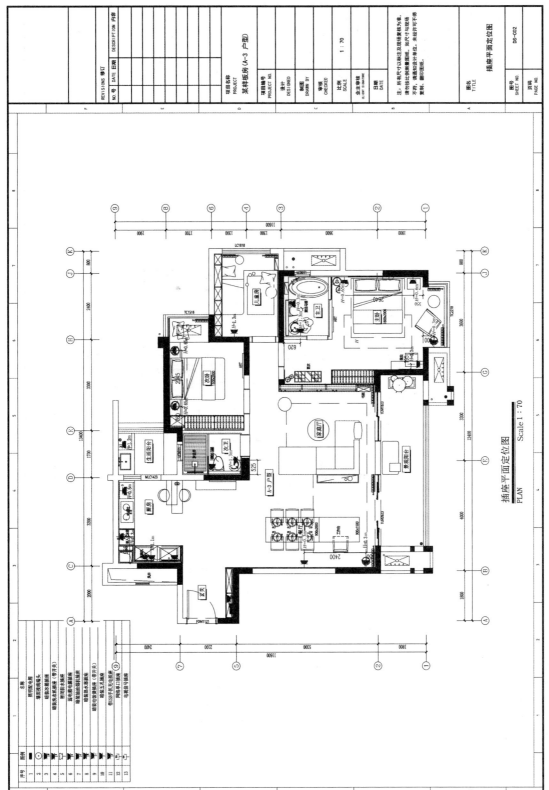

图 5-51 某样板间装饰施工图插座平面定位图

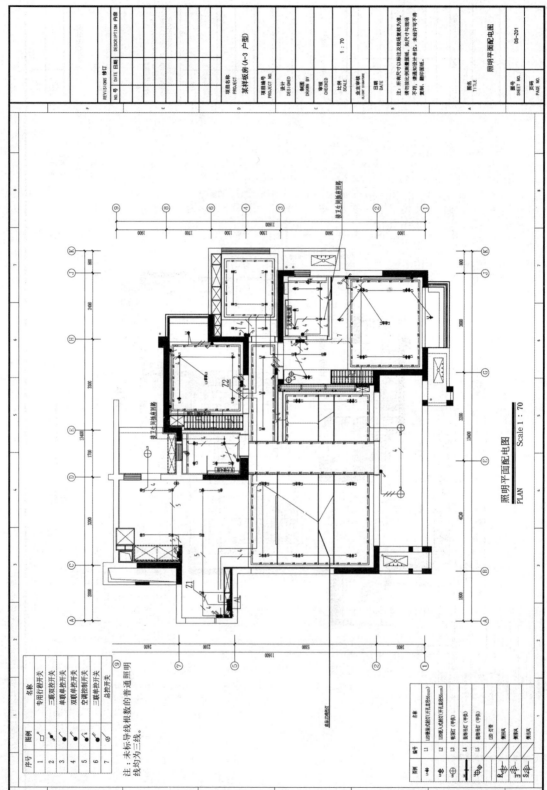

图 5-52　某样板间装饰施工图照明平面配电图

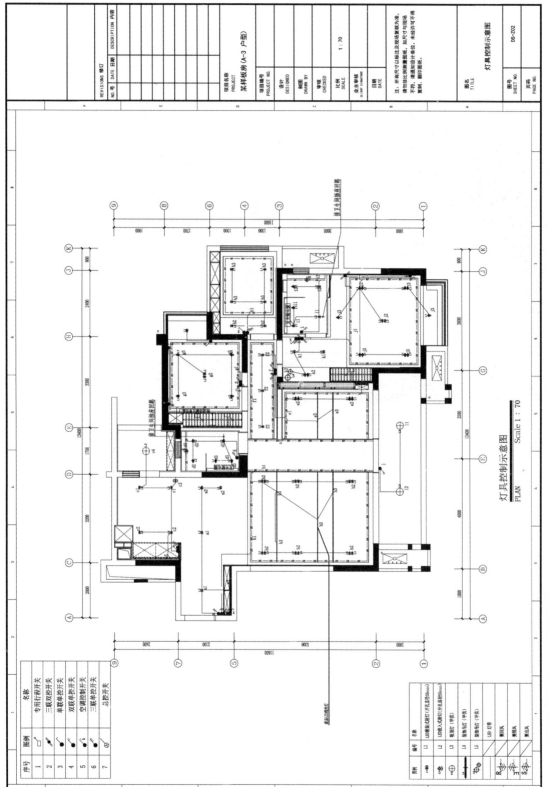

灯具控制示意图
PLAN   Scale 1：70

图 5-53 某样板间装饰施工图灯具控制示意图

序号	图例	名称
1		专用行程开关
2		三联双控开关
3		单联单控开关
4		双联单控开关
5		空调控制开关
6		三联单控开关
7		总控开关

图例	编号	名称
	L1	LED隐藏灯带(开孔直径55mm)
	L2	LED嵌入式射灯(开孔直径85mm)
	L3	吸顶灯(单头)
	L4	装饰吊灯(单头)
	L5	装饰吊灯(单头)
		LED灯带
R		浴霸风
		排气风
S		排出风

项目名称 某样板房(A-3 户型)
项目编号 PROJECT NO.
设计 DESIGNED
制图 DRAWN BY
审核 CHECKED
比例 SCALE   1：70
业主审核 CLIENT CHECKMENT
日期 DATE

注：所有尺寸以标注及现场复核为准，
请勿按比例测量图纸，如尺寸与现场
不符，请通知设计单位，未经许可不得
更新、翻印图纸。

图名 灯具控制示意图
TITLE

图号 SHEET NO   DS-202
页码 PAGE NO

5.2.3 材料选样、制作小样

本阶段施工图绘制的案头工作结束之后，在施工单位进场施工之前，设计方应提供设计方案中硬装部分的材料小样供施工方或建设方采购。凡是经过建设方确认的材料小样，均需要进行封样保存管理（图5-54）。

图 5-54
设计师在设计封样现场

5.3 该环节思维表达的特点

该环节思维表达以展示型为主要特点。

5.3.1 制图规范

在室内设计过程中，施工图的绘制是表达设计者设计意图的重要手段之一，是设计者与各相关专业之间交流的标准化语言，是控制施工现场能否充分正确理解消化并实施设计理念的一个重要环节，是衡量一个设计团队设计管理水平是否专业的重要标准。

专业化、标准化的施工图操作流程规范，不但可以帮助设计者深化设计内容、完善构思想法，同时面对大型公共设计项目及大量的设计订单，行之有效的施工图规范与管理亦可帮助设计团队在保持设计品质及提高工作效率方面起到积极作用。

参照标准：

（1）《房屋建筑制图统一标准》GB/T 50001—2017；

（2）《房屋建筑室内装饰装修制图标准》JGJ/T 244—2011；

（3）《建筑装饰装修工程质量验收标准》GB 50210—2018；

（4）《建筑地面工程施工质量验收规范》GB 50209—2010；

(5)《住宅室内装饰装修工程质量验收规范》JGJ/T 304—2013；

(6)《住宅室内装饰装修设计规范》JGJ 367—2015；

(7)《建筑内部装修设计防火规范》GB 50222—2017。

5.3.2 内容详尽、准确

室内设计项目的规模大小、繁简程度各有不同，但其成图的编制顺序应遵守统一的规定。一般来说成套的施工图包括以下内容：封面、目录、文字说明、图表、平面图、立面图、节点大样详图、配套专业图纸等。

5.3.3 尺度与比例严谨

图样的比例应为图形与实际物体相对应的线性尺寸之比，比例的大小是指其比值大小。比例的符号为"："，比例应以阿拉伯数字表示，如1：1，1：2，1：10等。绘图所用的比例应根据图样的用途及图样的繁简程度来确认。室内绘图常用的比例为：1：1、1：2、1：5、1：10、1：20、1：50、1：100、1：150、1：200、1：500、1：1000；可用比例为：1：3、1：4、1：6、1：15、1：25、1：30、1：40、1：60、1：80、1：250、1：300、1：400、1：600。

应用图样范围：

(1) 建筑总图：1：1000、1：500；

(2) 总平面图：1：50、1：100、1：200、1：300；

(3) 分区平面图：1：50、1：100；

(4) 分区立面图：1：25、1：30、1：50；

(5) 详图大样：1：1、1：2、1：5、1：10。

5.4 实训教学向导——《施工图阶段实训任务书》

5.4.1 任务内容

抄绘整套施工图纸，并深刻理解其表达的含义。

5.4.2 测评标准

1. 2019年全国职业院校技能大赛"建筑装饰技术应用"赛项"建筑装饰施工图深化设计"竞赛任务评分细则见表5-9。

"建筑装饰施工图深化设计"竞赛任务评分细则　　　　　　　　　表5-9

序号	项目	分值	评分点	评分标准
1	封面	1	信息正确、美观	绘制规范得1分，无封面扣1分
2	目录	1	目录内容完整，顺序正确。内容及顺序：装饰设计说明、平面布置图、楼地面平面图、顶棚平面图、室内立面图、墙柱面装饰剖面图、装饰详图	绘制规范、完整、顺序准确得1分，错漏一处扣0.5分，顺序不正确扣0.5分，正文图纸排布和目录不符扣0.5分，扣完为止

序号	项目	分值	评分点	评分标准
3	施工图设计说明	4	施工说明内容应包含：工程概况、设计风格、施工工艺、做法及注意事项	漏一项扣 1 分，每项内容中每出现一处不完整、不准确扣 0.5 分，扣完为止
4	主要材料表	4	材料选用、材料表编制	材料描述完整准确，和图纸对应，表格完善清晰得 4 分，每出现一处不完整、不准确以及不清晰扣 0.5 分，扣完为止
5	平面布置图	5	a. 图纸比例、图幅； b. 标注：标高等标注； c. 空间位置：各功能空间的家具、陈设、隔断、绿化等的形状、位置； d. 尺寸标注：装饰尺寸标注，如隔断、家具、装饰造型等的定型、定位尺寸； e. 符号：内视投影符号、详图索引符号等； f. 说明：文字说明、图名比例； g. 图线：剖切到的墙柱轮廓、剖切符号用粗实线表示，未剖到但能看到的图线，如门扇开启符号、窗户图例、楼梯踏步、室内家具及绿化等用细实线表示； h. 所绘设计内容及形式应与方案设计图相符	每漏一项扣 1 分；每出现一处不规范、不准确的表达、绘制、符号等扣 0.5 分，扣完为止
6	地面铺装图	5	a. 图纸比例、图幅； b. 尺寸标注； c. 楼地面面层分格线和拼花造型等； d. 标注分格和造型尺寸； e. 细部做法的索引符号、图名比例； f. 图线：楼地面分格用细实线表示； g. 所绘设计内容及形式应与方案设计图相符	每漏一项扣 1 分；每出现一处不规范、不准确的表达、绘制、符号等扣 0.5 分，扣完为止
7	顶平面图	10	a. 建筑平面及门窗洞口：门画出门洞边线即可，不画门扇及开启线； b. 室内（外）顶棚的造型、尺寸、做法和说明，可画出顶棚的重合断面图并标注标高； c. 室内（外）顶棚灯具符号及具体位置； d. 室内各种顶棚的完成面标高； e. 与顶棚相接的家具、设备位置及尺寸； f. 窗帘及窗帘盒、窗帘帷幕板等； g. 空调送风口位置、消防自动报警系统及与吊顶有关的音视频设备的平面布置形式及安装位置； h. 图外标注开间、进深、总长、总宽等尺寸； i. 所绘设计内容及形式应与方案设计图相符	每漏一项扣 1 分；每出现一处不规范、不准确的表达、绘制、符号等扣 0.5 分，扣完为止
8	立面图	30	a. 室内立面轮廓线，顶棚有吊顶时可画出吊顶、叠级、灯槽等剖切轮廓线（用粗实线表示），墙面与吊顶的收口形式，可见的灯具投影图形等； b. 墙面装饰造型及陈设（如壁挂、工艺品等），门窗造型及分格，墙面灯具，暖气罩等装饰内容； c. 装饰选材、立面的尺寸标高及做法说明。图外一般标注 1~2 道竖向及水平向尺寸，以及楼地面、顶棚等的装饰标高；图内一般应标注主要装饰造型的定型、定位尺寸。做法标注采用细实线引出； d. 附墙的固定家具及造型（如影视墙、壁柜）； e. 索引符号、说明文字、图名及比例等； f. 所绘设计内容及形式应与方案设计图相符	每漏一项扣 1 分；每出现一处不规范、不准确的表达、绘制、符号等扣 0.5 分，扣完为止

序号	项目	分值	评分点	评分标准
9	剖面图及装饰详图	35	a. 剖面和节点大样的构造做法和层次、工艺做法、连接方式等； b. 合理选择材料以及材料的种类和规格等； c. 尺寸标注等； d. 索引符号、说明文字、图名及比例等； e. 所绘设计内容及形式应与方案设计图相符	每漏一项扣1分；每出现一处不规范、不准确的表达、绘制、符号等扣0.5分，扣完为止
10	新技术、新材料、新设备、新工艺	5	能够依据新技术、新材料、新设备、新工艺进行装饰材料的选用与设计、细部构造设计、施工工艺设计等	每出现一处使用不合理、不科学的地方扣0.5分，扣完为止
合计		100		

2. 建筑装饰施工图考查重点

（1）原始建筑平面图、原始建筑顶面图

1）是否画出原始建筑平面及顶面的结构，包括隔墙、梁柱分布；是否画出建筑构件如管井、烟道等的位置分布；

2）是否标出建筑轴号及轴线间的尺寸；

3）是否标出建筑标高及梁的标高。

（2）（拆建）墙体尺寸定位图

1）是否画出设计改造后新建的隔墙分布以及保留的原建筑隔墙，是否用实心标示出承重墙的位置，用空心标示出非承重墙的位置；

2）是否以不同图案填充表示需要拆除和新建的墙体；

3）是否画出门洞、窗洞的位置及尺寸；

4）是否标出隔墙的定位尺寸并达到满足施工的程度。

（3）平面布置图

1）是否详细画出1.5m剖切线以下能看到的所有布置内容；

2）是否表达出硬装的隔墙、隔断、固定家具、固定造型及建筑构件，软装的活动家具、陈设、窗帘图例；

3）是否标出空间功能及必需的文字注解；

4）是否标出不同区域地面的标高；

5）是否标出建筑轴号及轴线尺寸。

（4）家具尺寸图

1）是否标出平面布置图上所有的固定家具、活动陈设的长宽尺寸，活动陈设包括家具、灯具、植物、织物、摆件五大部分；

2）是否标出平面上体现出的硬装部分造型详细尺寸。

（5）顶棚布置图

1）是否详细画出1.5m剖切线以上能看到的所有顶面内容；

2）是否标出不同区域顶面的标高；

3）是否画出顶面吊顶的造型及灯具的款式、位置（无需标注尺寸）；

4) 是否用虚线表示出隐藏于顶棚上的灯带；

5) 是否用表格列出各类灯光、灯饰的图例、名称、型号、编号、调光与否等各项光源参数；

6) 是否标出顶棚节点剖切位置及索引符号；

7) 是否标出顶棚的装修材质、颜色及必要的文字注解；

8) 是否画出门、窗洞口的位置（无门扇开启方向轨迹）；

9) 是否标出轴号及轴线尺寸；

10) 是否画出窗帘及窗帘盒。

（6）顶棚造型定位图、顶棚灯具定位图

1) 顶棚造型定位图是否在顶棚布置图的基础上标清吊顶造型尺寸及标高，并能满足施工深度；

2) 顶棚灯具定位图是否在顶棚布置图的基础上标清灯具点位及安装尺寸，并能满足施工深度。

（7）地面铺装图

1) 是否分区域采用示意地面材质的图例进行填充；

2) 是否用文字或列表表达出地坪材料的规格、编号；

3) 是否画出地坪材料相交接的节点剖切索引符号和地坪落差的节点剖切索引符号；

4) 是否画出地坪拼花或大样索引号；

5) 是否画出地坪装修所需的构造节点索引；

6) 是否注明地坪标高关系；

7) 是否注明轴号及轴线尺寸。

（8）立面索引图

在平面布置图的基础上，是否详细标示出平面图中需被索引的各立面、剖立面的索引号和剖切号。

（9）立面图

1) 是否画出空间中垂直方向界面上的建筑构件、装饰造型、家具陈设等内容；

2) 是否标出施工所需的尺寸及标高；

3) 是否表达出节点剖切索引符号、大样索引符号；

4) 是否用文字标注表达出装修材料的编号及说明；

5) 是否标出该立面的轴号及轴线尺寸；

6) 是否标出该立面的立面图号及图名。

（10）室内装饰大样图

1) 是否将某一局部进行详细比例放大绘制；

2) 是否注明详细尺寸放样；

3) 是否注明所需的节点剖切索引号；

4) 是否注明具体的材料编号及说明；

5）是否有正确的图名、图号及比例。

（11）室内装饰节点详图

1）是否准确画出被剖切部分从结构层至饰面层的施工构造连接方法及相互关系；

2）是否表达出紧固件、连接件的具体图形与实际比例尺度（如膨胀螺栓等）；

3）是否表达出详细的饰面层造型与材料编号及说明；

4）是否表示出各断面构造内的材料图例、编号、说明及工艺要求；

5）是否表达出详细的施工尺寸；

6）是否有正确的图名、图号及比例。

5.4.3 成果示范

二维码 32 详见某地产样板间（A-1）完整全套施工图 CAD。

32- 某样板间 A-1 户型
装饰施工图

6.1 以"某高空精品酒店"为例的酒店项目设计思维表达

单一类型空间和综合类型空间相比，设计思维与表达的方法是相同的，两者之间的差别在于：综合类型空间的构成内容更多元，要素更复杂。酒店、商业综合体就属于典型的综合类型空间。

下面以作者参与实践的酒店项目为例（所有配图均源自作者），从设计筹备阶段、概念设计阶段、详细设计阶段到施工图设计阶段进行完整的设计思维表达的实例分析讲解，建立起学生对综合类型空间设计思维与表达系统、完整、直观的认知。

6.1.1 酒店项目设计筹备阶段表达成果及案例解析

设计筹备阶段必须对项目进行详细的调研和踏勘，涉及区位信息、宏观环境、中观环境以及微观空间条件分析，业态及行业竞争分析等，为概念设计阶段的工作开展打下坚实可靠的基础。酒店项目设计筹备阶段的表达成果涵盖项目分析、市场调研、设计任务分析等内容。为帮助学生完整、准确、全面地理解设计成果，本节将对项目的背景进行详细介绍。

该高空精品酒店是 2017 年开业的新兴酒店品牌，该项目有以下几个特色：项目委托人是两位 90 后合伙人，具备世界 500 强职业背景；项目位于重庆解放碑联合国际大厦 63 楼，该项目是两位年轻合伙人创业的第二个酒店项目，其品牌服务的目标群体以城市年轻精英客户为主，酒店定位为时尚精品酒店，除规模较小、配套较少（只提供住宿和早餐）、品牌知名度（初创品牌）较低以外，其他诸如装修标准、造价、服务等均不亚于国际五星级酒店；项目体量小，建设周期紧张，楼层高导致施工难度大，因此对设计也提出了较高要求。作为设计师需要对以上信息进行深刻理解，以确保与委托人建立方向性共识。

为提升酒店的市场竞争力，委托人提出了明确的品牌战略和经营理念，打造以城市高空景观为特色的时尚精品酒店，因此需要突破现有酒店的局限，建立非标准化的品牌特质，以满足同样具有先锋精神的新生代酒店客群，从而给设计创新留足空间。

获取项目基本信息后的首要工作是对复杂多元的信息进行梳理和归纳，从而形成更具效用价值的设计材料。首先在空间维度层面，从宏观到中观再到微观对项目进行分析。宏观的卫星地图反映了项目所在的大环境，是位于两江交汇的渝中半岛（图 6-1），景观资源得天独厚，既有两江四岸的魅力风景，又能饱览山城繁华的城市灯火，还能俯瞰索道，眺望南山金鹰，呈现出项目直观的景观资源和竞争力（图 6-2）。

优势与机会往往也伴随着危机与挑战，从图 6-1 中可以看到临近项目地有六家极具竞争力的品牌酒店，这是设计师收集整理出的信息，筛选出真正与项目存在竞争关系的"假想敌"，有了明确的对手就能有清晰的靶向，在塑造

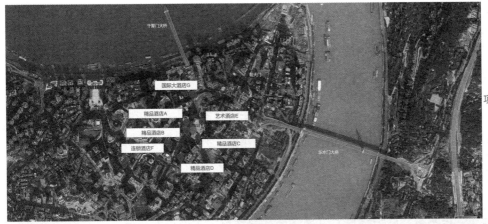

項目**宏观**格局

项目点位

两江交汇
景观震撼
竞争激烈

自身的同时避免与同类产品过度同质化，尽量达到求同存异、共存共荣的良性
共赢，而非非此即彼的恶性竞争。

　　具备宏观认知后，需要进一步分析项目中观情况。项目所在的联合国际
大厦是一栋较老旧的写字楼物业，而且以企业办公为主要业态（图6-3），整
体硬件品质欠佳，楼群周边环境混杂，充斥着各色小商贩、小广告，与酒店
的目标定位存在一定差距。不仅如此，酒店所在的63楼属于高区，需要通

图6-1
高空精品酒店宏观区
位分析（上）

图6-2
高空精品酒店区位环
境及景观资源（下）

客人流线

酒店**中观**格局
物业环境品质欠佳
交通流线通达性弱
社群氛围混杂
工程条件不便利

后勤流线

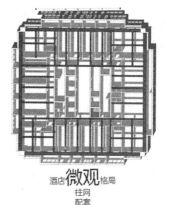

酒店**微观**格局
柱网
配套
卫生间
设备条件未知

图6-3
高空精品酒店中观及
微观环境分析

过电梯转换才能到达，通达性较差；并且作为写字楼，下班后夜间职守不足，旅客回店或入住便利性差；高楼层还导致施工难度大，物料运送出入都更费时费力。

再从微观层面分析项目条件。楼层柱网工整（图6-3），但也存在较大局限，层高和开间都无法提供较大施展空间，无法提供充足的配套，如大堂和接待空间局促。不仅如此，因为写字楼是集中设置公共卫生间，而作为高品质酒店必须每个房间配套卫浴功能，所以必须设置同层排污系统，从而导致原本就不宽裕的层高进一步被压缩，空间舒适度雪上加霜，并且整个酒店所需的供水（冷水、热水）、锅炉、空调机房、弱电机房等工程配套条件紧张。

从宏观、中观、微观三个层次总体分析而言，酒店面临很大的挑战，设计工作困难重重，作为设计师对项目有了清晰的认识就更利于做好充分的准备。

完成对物理环境的分析后，转而对"邻里"竞争目标进行排查和分析，为下一步制定设计策略打好基础和寻求依据。该项目在同一栋建筑中的竞争对手已有四家，并且售价均在每晚500元左右。通过网络访问和实地体验，设计师需要分别将主要信息点整理比对，如酒店名称、风格特点、所在楼层、开业时间、房间数量、特色配套，甚至网络评分和消费者评价等信息。做到了如指掌，知己知彼（图6-4）。

酒店名称：**艺术酒店E**
酒店地址：XX 大厦29层
酒店星级：精品酒店
开业时间：2017年
客房总数：17套
客房费用：600元
其他设施：
餐饮：中式餐厅

酒店名称：**精品酒店A**
酒店地址：XX 大厦20层
酒店星级：精品酒店
开业时间：2017年
客房总数：17套
客房费用：400元
其他设施：
大堂书吧

酒店名称：**精品酒店B**
酒店地址：XX 大厦56层
酒店星级：精品酒店
开业时间：2017年
客房总数：17套
客房费用：600元
其他设施：
大堂书吧

酒店名称：**精品酒店C**
酒店地址：XX 大厦33-1层
酒店星级：精品酒店
开业时间：2017年
客房总数：17套
客房费用：500元
其他设施：
餐饮：中式餐厅

在以上调研分析工作完成后，最终需要梳理出项目的核心目标、主要任务，同时建立基本原则，此为最基本也是最宏观的甲乙双方共识。"多、快、好、省"四个关键字准确地阐明了项目及业主的诉求，一针见血。在此共识基础上构建设计逻辑和原则"好、省、快、多"，同样的字排序不同、注解不同，则反映出了设计尊重用户体验、聚焦工程细节、理解项目运营、关注市场规则的全局统筹思维，从而确保设计工作能得到有序高效的推进（图6-5）。

图6-4
高空精品酒店竞争对手分析

项目诉求		设计逻辑及原则
多:客源多、溢价多（收益）		好:用户体验（产品、业态、场所感受）
快:建设快、运营快（效率）	逻辑重构	省:设计统筹＋技术工艺标准
好:旅客爱、同行学（品质）		快:工程实施＋运营模式
省:省人工、省周期（标准）		多:单价 × 总量（杠杆）

图 6-5
高空精品酒店设计任务及设计原则梳理

6.1.2　酒店项目概念设计阶段表达成果及案例解析

　　酒店项目设计筹备阶段完成后，可以启动概念设计阶段的工作，该阶段的设计表达成果主要包含：设计策划与定位、设计主题与创意理念、空间初步规划及空间概念图等内容。基于上一小节对高空精品酒店的信息收集和梳理，可以对酒店展开设计构思，制定详细且具有指导意义的设计策略、设计理念、创意主题、空间意向等。

　　问题引导是设计工作的常用方法之一，设计师设定了四个有关酒店明确定位的问题（图 6-6）：

| 我们的客户是谁?
他们来自哪里? |
| 他们需要什么?
喜欢什么? |
| 作为酒店运营方,
我们的卖点是什么? |
| 面对市场需求和同行竞争,该如何取舍和权衡? |

旅游　　　自主　　　时尚

年轻　　　商务

图 6-6
高空精品酒店设计思路及客群分析

　　第一，我们的客户是谁？他们来自哪里？

　　第二，他们需要什么？喜欢什么？即挖掘目标客户的关注重点。

　　第三，作为酒店运营方，我们的卖点是什么？即挖掘怎样的亮点。

　　第四，面对市场需求和同行竞争，该如何取舍和权衡？

　　图中对目标客群采用了关键词结合图片的方式进行呈现，直观且具有感染力。年轻、自主、时尚是其目标客群共同的特色，以旅游和商务出行为主，进而倾向于选择高品质、高舒适度的产品。

　　在目标客群和项目基本情况之间建立的连接就是设计需要实现的价值，也就是将理想变为现实。设计师对项目现状进行了客观而概括的表述(图 6-7)：区位富有活力、硬件配套不足、通达性欠佳、行业竞争激烈、工程实施难度大；相应地提炼了项目建设的主要目标:打造特色鲜明的精品酒店，树立品牌旗帜，并使其具备独特的产品竞争力。通过现状与目标的对照，设计的着力点得以明确，如何在现实条件的限制下实现最终目标，成为设计工作推进的核心动力。设计师将围绕设计主题、品牌特色、产品竞争力、服务特色等议题展开设计创作。

现状——目标——路径——成效评估

现状：区位富有活力、硬件配套不足、通达性欠佳、行业竞争激烈、工程实施难度大

目标：特色鲜明的精品酒店、树立品牌旗帜、具备独特产品竞争力

路径：设计主题？品牌特色？产品竞争力？服务特色？

图 6-7
项目现状与目标的分析与对比

　　设计思考的第一步是以客户的角度进行分析，所谓的客户并非项目委托人，而是指未来酒店的入住宾客。随着网络和移动终端的互联互通，酒店消费习惯已经发生了天翻地覆的转变，从到店订房转为网上预订，预订后按照酒店的地图定位进店入住，因此是交易在先、体验在后，如何让客人获得完美的体验、给予高度的认可是经营需要解决的首要任务。

　　项目中观环境恰好是酒店最可能让客人感受不佳的软肋，位于 63 层高空的精品酒店不可能改变整栋大厦的外环境，为针对性地解决外环境可能给予旅客不良印象的隐患，设计师将初次到店的宾客进入酒店的场景依次、分别归纳出来，采用分镜头的手法设置了十个核心场景（图 6-8）。一号场景是室外开阔的热闹熙攘的街区；二号场景是室内半开放且嘈杂的大厦大厅；三号场景是室内狭窄局促的电梯厅及电梯轿厢；四号场景是电梯门开启首先映入宾客眼帘的酒店电梯厅；五号场景是给予宾客初次关照的大堂，即前台接待；六号场景是进入客房前狭窄悠长的蓄势空间——走廊及入户小门厅；七号场景是进入客房的第一印象——空间玄关；八号场景是客人放松会客的场景；九号场景是客人休息、美好睡眠的场景；十号场景是给予宾客惊喜和趣味体验的场景。十个场景环环相扣串联出了完整的宾客入住流程，同时也将宾客对酒店的认知场景进行了针对性的分析，而不是一概而论，笼统概括地谈品牌记忆。

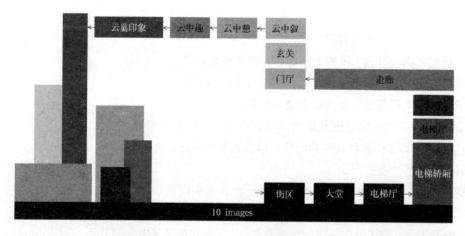

图 6-8
高空精品酒店宾客入住的十个分镜头

　　基于以上场景分解和分析，设计师就可以根据不同场景应当扮演的不同角色进行恰如其分的设计，就如同出席丰盛晚宴，根据用餐的味觉层次和食客的情绪兴致依序呈上每一道美食，富有节奏而得体的仪式感带来极致的美好体验。同样的道理，宾客入住酒店的十个分镜头就是口味不同的十道菜，需要设

计师构建出最佳的体验节奏和秩序。因此，设计师提出了诸如云中叙、云中趣、云中憩等别出心裁的主题场景，既然无法改变起始场景的不足，就使其成为先抑后扬的反衬与铺垫，大反差将宾客体验升华。

有了对宾客体验场景的梳理和分析，就需要结合投资方及酒店运营团队的要求进行场所规划。鉴于酒店除接待和后勤空间外，主要是提供住宿和早餐服务（而且是送餐入客房式的服务），所以80%的空间用作客房规划。前面章节讲到酒店定位为城市高空精品酒店，因此需要将高空景观资源作为客房布局的首要考量。将酒店总平面图按照上北下南、左西右东的方位结合所处位置周边所及主要景观资源一并排列出来，附上风景美图，就能十分直观地判断出不同客房所能享受的美景，并且将太阳轨迹示意出来，日照条件优劣也一目了然（图6-9）。

图6-9
高空精品酒店景观资
源及日照条件分析

如此一来，再进行空间规划、动线组织以及房型构架及布局就有据可依。

依据建筑结构的客观条件和酒店总面积所决定的房间数量，设计师与投资人共同确定了房型的数量和类型（图6-10）。共计19间客房，将景观视野最开阔的四个角设置为全景套房，有最佳的景观视野，最大房间面积为60m²，最高单价客房数占比20%；根据酒店中高端定位，设定了9间豪华江景房，占比近50%，9间豪华江景房分设在建筑对称的两侧，利于统一施工标准，从而有效节省建设成本；另外一组对称区域，其中一侧利用建筑原始开间结构，在三组立柱跨距上设置了2间富有特色的好莱坞客房，即两张1.5m的单人床，分开可作双人间，接待商务结伴旅客，组合可变为3m宽超级大床房，灵活满足不同客人需求；另一侧则划分为4间相对较小的MINI江景房——32m²/间，房间数占比低，房价也相对低，满足了对房价较为敏感的客群层次。

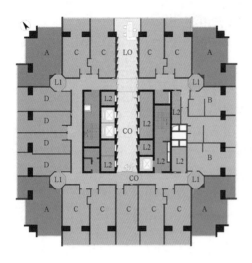

HT	名称	面积（m²）	房间数	比例
A	全景套房	60	4	21.05%
B	好莱坞客房	42	2	10.5%
C	豪华江景房	47	9	47.4%
D	MINI 江景房	32	4	21.05%
LO	接待区／电梯厅	—	0	
CO	走廊	—	0	
L1	庭院	—	0	
L2	后勤服务房	—	0	
	合计		19	

图 6-10
高空精品酒店功能分区及房型配置

客房以外则是根据运营团队的诉求，将边角空间利用为后勤功能用房：公共卫生间、布草间（干净布草和污衣布草）、备餐间、低耗品库房、办公室、锅炉房、水房等。

作为精品酒店，空间规划难度相对较低，工作量也相对星级酒店少得多，满足了核心功能和运营需求即可进行空间概念方案设计。首先是确定空间设计的主题，以此为核心对酒店空间进行全面营造。针对城市高空精品酒店的定位，设计师设定了浪漫而感性的主题——盗梦空间、云端一梦、远离市井喧嚣、挣脱引力束缚，给予宾客匆忙旅程中以别样的体验（图 6-11）。

根据该主题的设定，赋予高空精品酒店天马行空的品牌性格和脑洞大开的设计空间，同时提炼出空间设计的关键词：戏剧性、悬浮、交错；进一步为后续设计提供了方向性的指引，同时也让空间获得了灵魂，为营造极具感染力的空间提供了强有力的保障。

图 6-11
高空精品酒店主题设定

结合已经基本确定的平面功能规划图和清晰明确的设计定位以及特色鲜明的创意主题，空间概念从公共区域到客房区、从整体空间到局部专项，结合前面章节提到的分镜头进行概念收集与呈现。重点表达出酒店电梯厅及前台空间的整体氛围和空间基调（图6-12）。简洁干练的空间与前卫时尚的艺术品形成强烈对比，使空间极具戏剧性和趣味性，符合酒店品牌气质。

　　走廊是进入客房的蓄势空间，无需复杂的设计，简单而富有神秘感即可，为开启房门进入客房的体验和惊喜埋下伏笔。走廊空间概念色彩朴素，照明强度低，空间设计简单却有韵味（图6-13），将宾客满身的疲乏和闹市中的纷扰缓缓褪去。

图6-12
高空精品酒店电梯厅概念

　　酒店走廊空间并不宽敞，需要尊重陌生的宾客会面所产生的尴尬和不适，借助灯光和导视系统（门牌指引）将宾客的注意力转移，并引导宾客快速通行。

　　客房空间设计是酒店设计的核心，客房也是最基础、最重要的空间，毕竟入住酒店以后，客人停留时间最多的就是客房。客房具备睡眠、休闲、接待、卫浴等主体功能，同时还有很多功能细节。知名品牌的星级酒店客房均有各自的设计手册，即设计标准，因此在舒适度和功能细节方面考虑十分周到，是酒

图6-13
高空精品酒店客房走廊概念

店客房空间设计学习借鉴的典范。然而受限于品牌一致性和系统性，基于标准化的设计也存在其不足的一面，即客户越来越年轻化，市场竞争也越来越激烈，多元化的个性需求难以得到满足。因此该项目中，设计师在功能性以外，需要重点考量高空精品酒店的时尚个性特质，从而形成酒店自身的品牌语言和客户体验（图6-14）。高空精品酒店客房空间格调概念，在休息区、卫浴区设计上充满个性趣味，艺术品和家具的选择搭配也富有感染力，显然能将酒店的气质与常规标准化酒店拉开差距。

图6-14
高空精品酒店客房空间格调概念

在客房设计中，卫生间和床可谓重中之重，尤其是床。当前网络预订酒店已经非常普及，是否有能提供高品质睡眠的床品是用户评论较为关注的重点指标之一。床品的质量以及床品搭配所传递出的吸引力是酒店必须营造的吸引宾客的要素。高空精品酒店客房空间——卧室区概念，床放置于地毯上，结合床底部的一圈灯带，似乎已经漂浮起来；另一张则是十分亲切俏皮的圆形大床，即使是图片就已经能俘获不少潜在客户（图6-15）。

另一个重点——卫浴空间是酒店一度比较淡化的设计区域，然而随着现代都市人们生活品质的提升，对于卫浴也提出了越来越高的要求，卫浴空间正变得越来越多面、温馨、时尚、个性、文艺等。自我陶醉的梳妆、酣畅淋漓的淋浴、浪漫惬意的泡浴都能给人极佳的体验和美好的印象，因此卫浴空间无论是材料搭配、用品选择、照明氛围，还是装饰元素都值得精益求精（图6-16）。

图6-15
高空精品酒店客房空间——卧室区概念

卫浴的装饰并非需要复杂烦琐，因为空间一般不会太大，所以总体设计宜简不宜繁，需要在功能细节和五金用品等有限细节上发挥设计价值，如毛巾挂钩、花洒、置物台等，简单却韵味十足，不浮夸且拿捏得当（图6-17）。

图 6-16
高空精品酒店客房空间——卫浴区概念

除具体空间的设计概念以外，作为精品酒店还需要对软装系统、照明、物料及工艺等方面进行设计统筹，因此概念设计阶段也需要针对性地对专业系统预想成果进行展现，从概念图片中能感受到装饰照明的大体感觉和思路，浪漫闪烁且具有个性意味，以区别于常规标准化照明设计（图6-18）。

软装所涉及的内容庞杂繁多，也是最终空间效果成败的关键，其中家具是核心，功能舒适、造型别致、质地细腻、格调鲜明正是高空精品酒店所需

图 6-17
高空精品酒店客房空间——卫浴区细节设计概念

图 6-18
高空精品酒店装饰照明设计概念

要达到的出品标准。图 6-19 简单呈现了家具的设计方向以及饰品创作的思路，整体柔和的基调、淡雅的色彩搭配、浪漫艺术且富有自然气息的主题饰品融合呼应。

　　艺术装饰元素包含大型主题装饰和小物件，分布于酒店的各个区域，因此对于整个酒店而言，饰品设计必须在统一的基础上不断丰富和变化，而不是各自为政。酒店独特的品牌核心特质是浪漫且具有品质感，需要借助饰品呈现出来，婉转灵动的飘带、闪烁精致的金属挂件、细腻唯美的纹理，通过点缀这样的饰品使酒店空间的独特魅力和市场定位得到准确诠释，既装点了空间，也满足了目标客户的消费预期和心理需求（图 6-20）。

图 6-19
高空精品酒店软装专项——家具饰品设计概念

　　导视系统是酒店的构成要素，既具有极强的实用功能，还具有较强的装饰价值，是十分重要的体现酒店品质的系统。高端酒店在导视系统的设计方面十分考究，其既能帮助宾客准确高效地识别信息和引导，也是酒店品牌文化的符号。高空精品酒店采用简洁照明形式的导视装置，使其具有较强的识别性和引导感，同时赋予酒店温馨柔和的氛围，给予宾客阅读上的亲切感（图 6-21）。

图 6-20
高空精品酒店软装专项——主题定制饰品概念

与导视系统极具关联性的是智能化弱电控制系统，目前智能技术越来越普及，不少酒店都将其视为竞争力，争相装备升级。因此，智能专项在高空精品酒店的设计中也十分重要。为保证设计的方向和引导实施效果，设计师将智能交互的体验效果和面板效果作为设计概念，以供参考（图6-22）。

图6-21
高空精品酒店软装专项——导视系统设计概念

物料是最终感受空间的物质基础，也是任何所谓风格、格调、档次的载体。不同的项目有不同的预算和工程要求，需要在概念设计阶段就对物料的整体设定有基本考量。高空精品酒店大体物料以常见的乳胶漆、木饰面、人造石材为主，点缀天然石材和金属。物料和工艺不分家，每一种物料的选择都伴随有具体的做法、工艺以及规格。该项目中材料的衔接简单直接，不同材料之间采用金属线条进行过渡，呈现出更好的工艺品质也就自然有更精致的客户体验，从而传递出酒店应有的档次（图6-23）。

高空精品酒店概念设计的每个环节除上述内容以外，还可以根据设计师的具体思路进行补充和丰富，从而呈现出更多样的创意亮点。

图6-22
高空精品酒店软装专项——智能及弱电系统设计概念

图6-23
高空精品酒店软装专项——物料专项设计概念

概念方案设计完成后需要向设计委托人提报，通过设计师演讲汇报以及双方讨论商榷，最终确定概念设计中的所有问题，使设计双方达成高度共识，在此前提下才能开展下一阶段的设计工作——详细设计。在没有达成共识的情况下，贸然启动详细设计工作将面临极大的风险，完全推翻重新设计的情况在实践中也很常见。甲方的时间和工程计划被耽误，设计方仓促修改，出现这样的状况极易导致恶性循环，最终项目难以获得成功。因此概念设计阶段需要清晰明确，为后续工作打下坚实基础。

6.1.3　酒店项目详细设计阶段表达成果及案例解析

在概念设计成果（详见二维码33）得到甲方充分肯定的基础上，高空精品酒店详细设计工作全面展开。该阶段基本对酒店未来的蓝图进行了详细而直观的表达（详见二维码34）。该阶段的设计表达成果主要有精准空间规划、技术指标、空间设计效果图等内容，需要达到对项目设计清晰直观的表达程度。

高空精品酒店详细设计——平面规划（图6-24），在概念设计阶段的分区平面基础上，对平面图进一步深入细化，准确反映出隔墙、家具、设备等内容。不仅如此，酒店作为商业项目还需要对最终确定的平面图进行数据统计，从而反映出空间规划是否响应了投资目标效益，能否实现理想的经营预期。如图6-24所示，整个酒店分为五个房型，其中主力房型9间，占比将近50%；最高端的全景套房4间，占比21%，分布于视野最广的四个角，能有效拉升酒店品质；与之对应的是4间MINI江景房，面积最小，定价也最低，是入门级客房；另设2间好莱坞客房，该房型每间客房配置两张床，可组合为一个超级大床，因此可以根据客人组合情况灵活应变，属于杠杆房型，在客房本就不多的酒店中更易于满足多样化的客户需求，避免房型与客人需求不匹配导致客房闲置。其他配套空间根据酒店运营团队要求设置，限于总面积紧张，在满足功能刚性需求的前提下，面积占比越低越好，以争取更多的盈利空间。

33- 酒店项目概念设计文本

34- 酒店项目方案设计文本

图6-24
高空精品酒店方案设计——平面规划

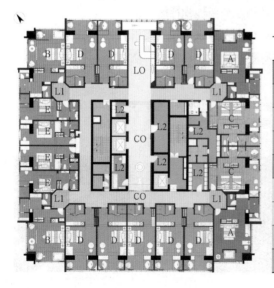

HT	名称	面积（m²）	房间数	比例
A	全景套房A	60	2	10.5%
B	全景套房B	60	2	10.5%
C	好莱坞客房	42	2	10.5%
D	豪华江景房	47	9	47.4%
E	MINI江景房	32	4	21.1%
LO	接待区	—	0	
CO	走廊电梯厅	—	0	
L1	庭院	—	0	
L2	后勤服务房	—	0	

平面规划清晰宏观地表达了酒店的整体架构，也帮助客户建立起了对空间的基本认知，在此基础上对单个空间进行逐一详细的表达与讲解。单个空间的讲解秩序有两种常见思路：其一是按照客人进入空间的先后顺序为依据；其二是根据单个空间本身的重要性分级排序，由主到次表达。高空精品酒店空间并不复杂，基本可以将两种秩序兼顾。从电梯厅到接待前台，再到客房走廊，房间以占比最多的豪华江景房开始，依次是全景套房、好莱坞客房、MINI 江景房。本节中客房仅以豪华江景房为例展开讲述。

作为小规模精品酒店，其电梯厅、大堂和前台接待实际整合于一个空间中，因此在设计表达上是整体呈现、一气呵成。空间方案的设计分步演示如图 6-25~ 图 6-27 所示。大厅空间界面设计呈现的仅仅是空间中天地墙的围合关系以及家具和装饰灯具的布局关系，使客户对空间的基础改造一目了然（图 6-25），同时对设计思路有深入的认知，便于建立起更客观的判断依据，不至于因为没有任何过渡，直接面对一张陌生的效果图，而导致片面或个人的主观判断，从而影响设计沟通成效。

在界面设计的成果基础上对材质关系进行表达，从无色物质的空间到具备色彩和质感的空间效果，非常有针对性地让客户了解物料搭配的思路、色调的关系和意图，为最终的成品效果图埋下伏笔。大厅空间物料搭配为营造出神秘极致的空间氛围，天花板和墙面都选择了镜面不锈钢，地面采用地坪漆，大气简练的基础界面正好与装饰灯带和灯环形成强烈反衬，两个电梯门之间的材质突变也强调了交通的识别性，亮点是远处接待区窗户采用不锈钢定制的特殊造型，具有强烈的吸引力和趣味性（图 6-26）。

最终成品空间效果图的呈现在前两个步骤的铺垫下已经呼之欲出，在具备高度模拟仿真的光效、质感、色彩细节之下，没有特别的硬伤，空间方案顺利获得理解和认可。大厅空间效果图顺势托出（图 6-27），两侧墙面的镜面不锈钢将空间无限拓展，空间中的装饰灯和雕塑脱颖而出，远处窗户透叠出的蓝天让高空精品酒店天马行空的主题得到了极佳的发挥和实现。

相比接待大厅，客房空间虽然小，但却具有更复杂和丰富的功能细节，因此在方案表达中需要结合单个房型平面图进行针对性介绍。首先将豪华江景房在客房平面中的位置注明，便于客户了解整体概况，同时配置房型信息表，

图 6-25
高空精品酒店方案设计——大厅空间界面设计（左）
图 6-26
高空精品酒店方案设计——大厅空间物料搭配（右）

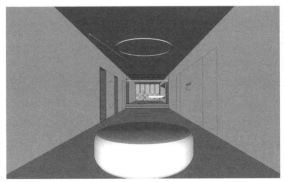
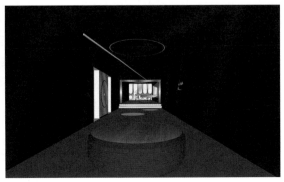

图 6—27
高空精品酒店方案设
计——大厅空间效果图

HT	名称	面积（m²）	房间数	比例
D	豪华江景房	47	9	47.4%

图 6—28
高空精品酒店方案设
计——豪华江景房平
面图

包含房型代码、房间名称、房间面积、房间数量以及所占客房总数的比例。基本情况交代清楚后，在单独放大的平面图中，十分清晰准确地表示出地面标高关系、隔墙细节、家具布置关系、主要家具尺寸（图6—28）。

客房空间和大厅一样需要进行空间界面、物料搭配、空间效果图几个层次的设计表达，因原理与大厅相同，就不再赘述。从豪华江景房效果图可以感受到空间简洁大方，临窗设置了浴缸，搭配了富有个性的家具与装饰绘画，远处洗浴空间与卧室采用半通透隔断方式，除此以外空间以白色为基调，搭配木地板，清爽简约且相得益彰（图6—29）。

为全面了解空间标高关系，补充了横剖面效果图协助说明设计创意。从豪华江景房剖面效果图可以看出，左侧进门后需要下两阶梯步，在临窗的浴缸和休闲区再次设置地台，仅卧室区域下陷，形成具有安全感的围合空间，床头背景呈现的是具有穿越趣味的装饰画，搭配夸张的装饰吊灯，与入住客人诙谐却友好地互动（图6—30）。该角度弥补了图6—29没有呈现的内容，帮助客户全面理解空间。

客房卫生间是宾客十分在意的功能空间，需要特别交代。客房卫生间剖面效果图如下，为方便说明设计关系，将马桶间与淋浴间整体剖断，两

图 6-29
高空精品酒店方案设
计——豪华江景房透
视效果图

图 6-30
高空精品酒店方案设
计——豪华江景房剖
面效果图

个空间通过一片艺术玻璃一分为二，设计一气呵成，大气简练。卫生间以
黑色石材为背景，搭配颗粒石材马赛克，矩阵排列带给人跨维度的抽象感
（图6-31）。

图 6-31
高空精品酒店方案设
计——客房卫生间剖
面效果图

卫生间除装饰设计方案以外，还有工程设计方案。高空精品酒店原本由办公空间改造，因此在工程条件方面不完全具备酒店需求，如卫生间的配置，原建筑采用的是楼层集中公共卫生间，而独立卫生间则是酒店每间客房的基本要求，鉴于排污距离较长，为避免堵塞，设计师针对排污进行了专项考虑。客房卫生间排污专项如图 6-32 所示，在总平面图上规划了排污管线走向、排污点位以及检修点位，使客房能实现独立卫生间。

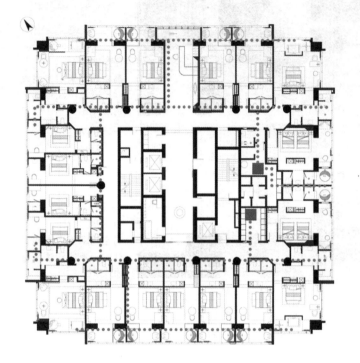

········ 排污管线

■ 接管排污点

● 检修口

同层排水分析

图 6-32
高空精品酒店方案设计——客房卫生间排污专项

其他房型的设计与表达和豪华江景房一致，通过细致深入的方案设计，最终将客房有关设计指标进行汇总比对，既是对项目的统筹管控，同时也对客房差异和定价进行核查，统一中具备合理的差异或差距，形成与房型设定匹配的阶梯售价。房型设备配置表（表 6-1）将房间号、房间面积、所配床型规格、数量设备等进行逐项罗列，使酒店运营管理人员一目了然。

为帮助投资人了解项目造价和预算控制，需要结合方案设计进行工程造价估算。豪华江景房设计装修估算见表 6-2，简要地对硬装板块、卫浴洁具板块、软装板块、机电板块进行测算，并整理出 10 万元 / 间的造价估算，仅作为设计性价比的评估。该数据的准确性无法达到施工图层面的精准，但作为概念性参照还是有一定合理性。

6.1.4　酒店项目施工图设计阶段表达成果及案例解析

酒店项目施工图设计阶段表达成果主要包括：施工图（目录、平面图、立面图、节点大样）、物料手册及样品、软装设计执行方案。设计专业教学中施工图是独立的环节，包括识图、制图规范、制图方法、制图流程等内

高空精品酒店方案设计——房型设备配置表   表6-1

房型	房号	面积(m²)	床型(mm)	床架数量	洗漱台	淋浴间	马桶间	浴缸	商务桌椅	休闲椅	投影	衣柜	行李架	MINI吧	沙发	床尾榻	桑拿房
豪华全景套房A	6302	56	2000×2000	1	●	●	●	●	●	●	●	●	●	●	●	●	●
	6320	56	2000×2000	1	●	●	●	●	●	●	●	●	●	●	●	●	●
豪华全景套房B	6308	56	2000×2000	1	●	●	●	●	●	●	●	●	●	●	●	●	●
	6313	56	2000×2000	1	●	●	●	●	●	●	●	●	●	●	●	●	●
好莱坞客房	6301	48	1350×2000	2	●	●	●	●	●	●	●	●	●	●	○	○	○
	6321	48	1350×2000	2	●	●	●	●	●	●	●	●	●	●	○	○	○
豪华江景房	6303	42	1800×2000	1	●	●	●	●	●	●	●	●	○	●	●	●	○
	6305	42	1800×2000	1	●	●	●	●	●	●	●	●	○	●	●	●	○
	6306	42	1800×2000	1	●	●	●	●	●	●	●	●	○	●	●	●	○
	6307	42	1800×2000	1	●	●	●	●	●	●	●	●	○	●	●	●	○
	6315	45	1800×2000	1	●	●	●	●	●	●	●	●	○	●	●	●	○
	6316	44	1800×2000	1	●	●	●	●	●	●	●	●	○	●	●	●	○
	6317	45	1800×2000	1	●	●	●	●	●	●	●	●	○	●	●	●	○
	6318	44	1800×2000	1	●	●	●	●	●	●	●	●	○	●	●	●	○
	6319	45	1800×2000	1	●	●	●	●	●	●	●	●	○	●	●	●	○
MINI江景房	6309	28	1800×2000	1	●	●	●	○	●	●	●	●	○	●	○	○	○
	6310	29	1800×2000	1	●	●	●	○	●	●	●	●	○	●	○	○	○
	6311	28	1800×2000	1	●	●	●	○	●	●	●	●	○	●	●	○	○
	6312	28	1800×2000	1	●	●	●	○	●	●	●	●	●	●	○	○	○
				21													

高空精品酒店方案设计——豪华江景房设计装修估算   表6-2

序号	类别	单位	数量	单价	合计	备注
1	硬装板块	项	1.00	50000.0	50000.0	基础装修人工辅料、主材
2	卫浴洁具板块	项	1.00	15000.0	15000.0	马桶、淋浴、洗手盆、浴缸、花洒、地漏
3	软装板块	项	1.00	30000.0	30000.0	家具、灯具、挂画、地毯、窗帘、打印墙布
4	机电板块	套	1.00	10000.0	10000.0	空调、新风、消防
	合计				105000.0	—
平均单价：2500~3000元/m²						

容，因此本节仅以高空精品酒店设计为例有所侧重地介绍，而非全面铺开讲述（图6-33~图6-44，高清大图扫描二维码35查看）。

施工图的页面和出图版面大小视项目体量而定，高空精品酒店面积不算太大，因此施工图将总平图拆分为公区（电梯厅、大厅、走廊）和客房两个板块，首先绘制公区平面图。公区地铺及天花平面图对公区地面铺装材料和天花布置进行了整体交代，并注明材质所代表位置的水平标高（图6-33、图6-34）。

公区空间原本简单，而且设计方案简洁大方，因此立面图绘制难度不大。玻璃幕墙和接待台立面细节相对多一点，需要重点设计深化和绘制图纸。例如公区主要立面图，左侧是临窗的立面图，采用二次图形元素弱化了原有窗户的方框限制，让宾客视线所及得到释放和激发想象。右侧接待台与主背景墙面浑然一体，

35— 图6-33~图6-44 高清大图

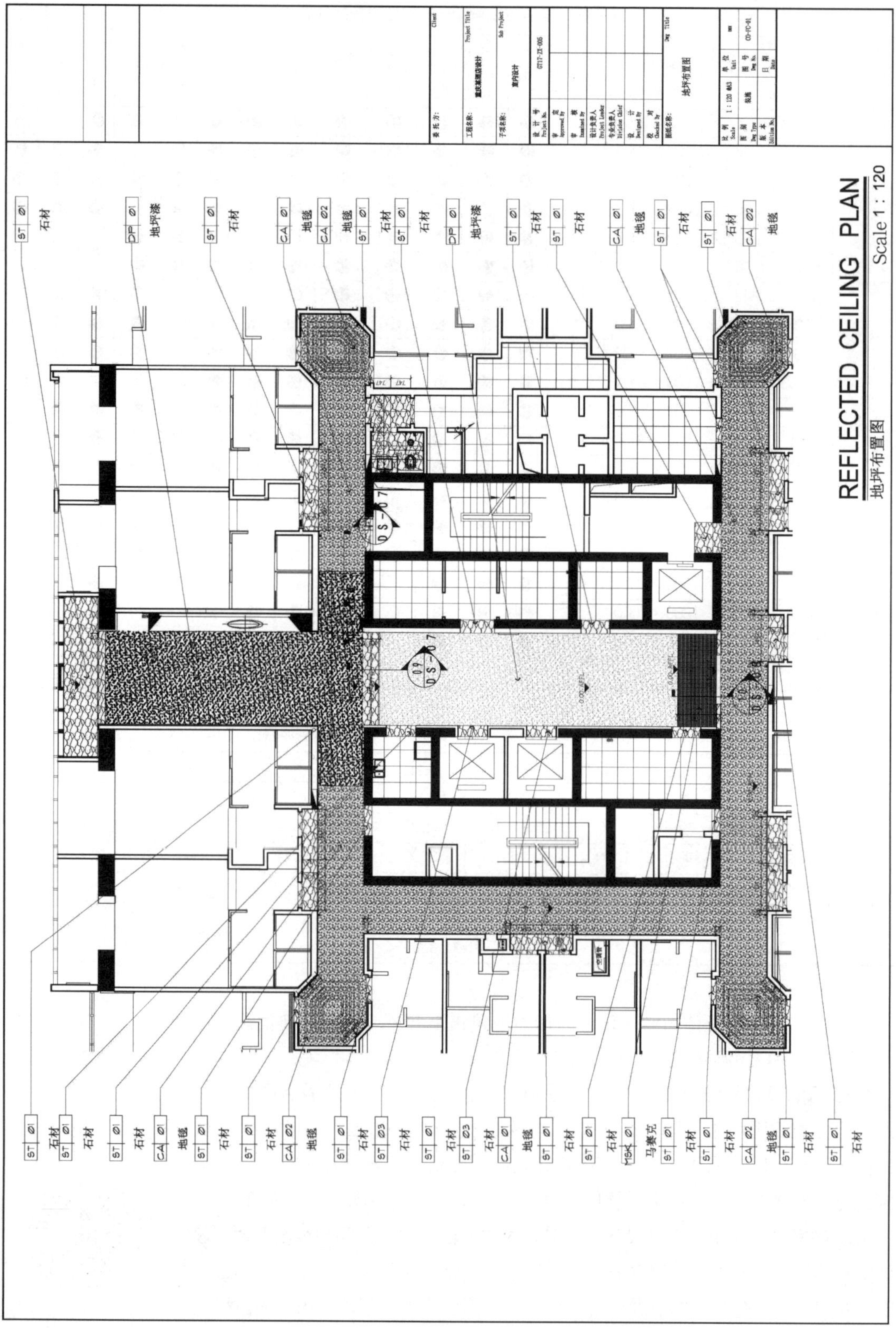

图 6-33 高空精品酒店施工图设计——公区地坪布置图

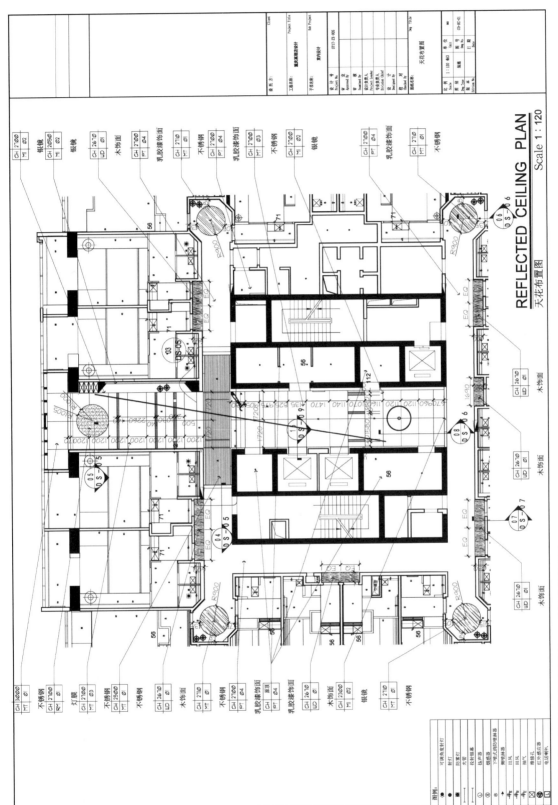

图 6-34 高空精品酒店施工图设计——公区天花布置图

台面有漂浮临空的错觉，呼应高空精品酒店天马行空的品牌特点（图6-35）。

客房的深化设计细节十分繁杂，因此每一个房型的施工图都需要单独绘制，以豪华江景房为例，豪华江景房平面布置图、豪华江景房地面铺装图如下，以此为标准参照，延展绘制出精准的平面系列图。因此平面布置图也可称为"母图"，母图必须精准，一旦有错将会导致一系列连带错误，修改工作量非常大（图6-36）。地面铺装图将豪华江景房地面材料和垂直标高关系一并反映出来（图6-37）。

天花布置图和灯具尺寸图是与平面布置图对应绘制的。天花布置图将天花的分割关系、材质、垂直标高、机电设备（灯具、消防、空调、检修）等信息整体绘制清楚（图6-38）；而灯具尺寸图是针对照明专项，结合平面功能需要进行灯具点位的准确标注，以免造成照明与实际行为冲突（图6-39）。灯具尺寸图绘制的基本原则是：首先满足平面布置图所反映的人的行为活动的照明需要，此为功能层面。在此基础上，兼顾灯位之间的组合和位置关系，例如走廊和玄关的灯位起到引导路径的作用，最好排成整齐划一的直线，既满足功能又兼具美观。

照明设计的理念也在进步和变化，曾经讲究客房空间明亮，整体灯位布局前后左右高度对称平衡；而当前设计讲究照明层次，以最少的灯实现最佳照明效果。因此没有固化的套路和模式，灵活应对最好。

机电平面布置图和家具尺寸图都是客房设计非常重要的专项表达成果，豪华江景房机电平面布置图及家具尺寸图如下，结合家具布置条件，对应配置了开关、插座、电话、网络等机电点位，以满足客人实际使用中的具体需求（图6-40）；家具尺寸图，一来可检验家具尺寸在空间中的合理性，二来为家具深化设计、生产、采购、安装提供了限定性、指导性意见（图6-41）。

客房立面图规模不大，但绘制内容繁多，重点是必须兼顾相关平面和天花以及紧邻的立面关系。豪华江景房主要立面图如下，床头主背景立面是客房重点立面之一，次之是电视背景墙，也是客房空间中十分重要的立面（图6-42）。基于高空精品酒店的特质，设计并不需要复杂，但应体现出创意和趣味，该项目采用了原创艺术主题画点缀，因此没有过多设计夸张造型。

施工图中的大样图及节点构造图是最具表达深度的图纸成果，无论多么创新的设计，除了少部分极具特色的细节会有创新性设计以外，绝大部分都属于常规工艺，因此需要积累和熟悉常用工艺节点规范，以提高深化设计能力和优化设计表达效率。豪华江景房局部大样图如下，该部分是豪华江景房中较为特别的原创设计，其将梳妆镜镶嵌在黑色钢网中，并且将圆形梳妆镜设计为表情包的笑脸图案，有趣且通透，形成了客房独特的设计亮点，因此需要特别详细地将设计深化细节反映到图纸上。天花的造型特殊，但工艺并不复杂，尺寸、材质和造型角度是绘制该图的重点（图6-43）。

常用工艺节点细部在施工图中也必须要清晰说明，豪华江景房工艺节点细部详图如下，空调风口与天花的关系、石材与木地板的关系、钢构架与木板的结合关系等都属于常用工艺节点，但在具体项目中需要结合项目实际尺寸和材料选择进行对应的调整和完善（图6-44）。

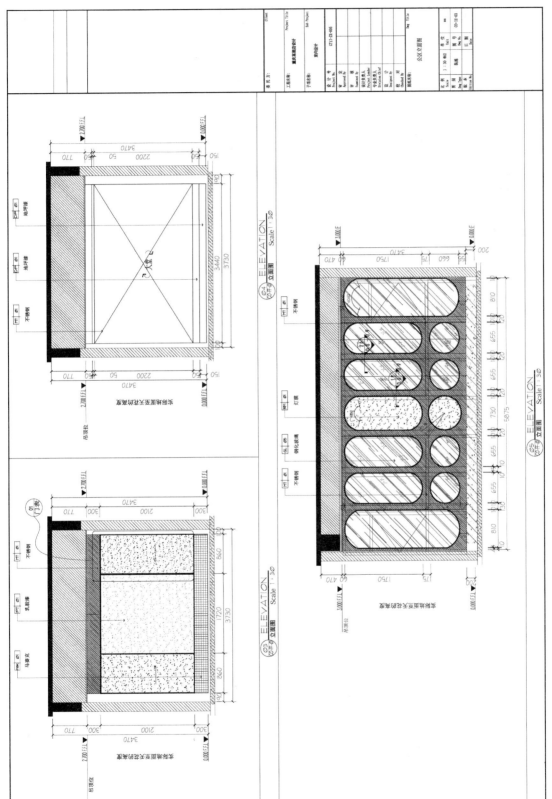

图 6-35　高空精品酒店施工图设计——公区主要立面图

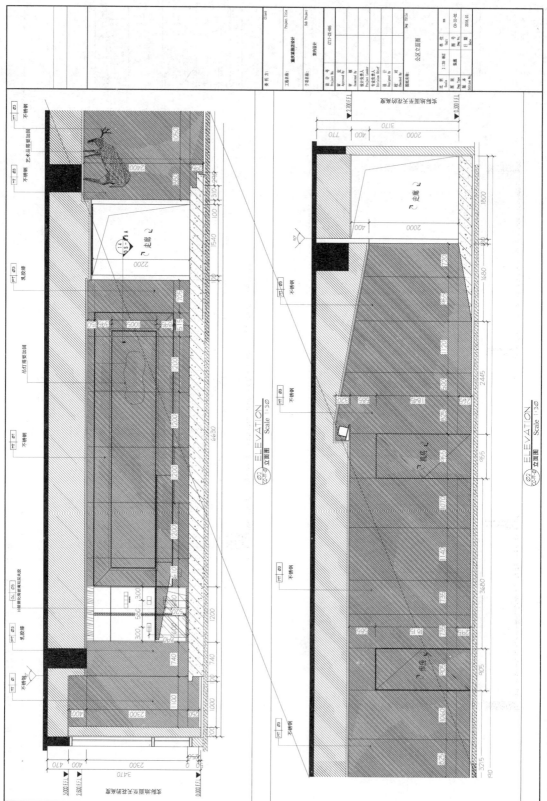

图 6-35 高空精品酒店施工图设计——公区主要立面图（续）

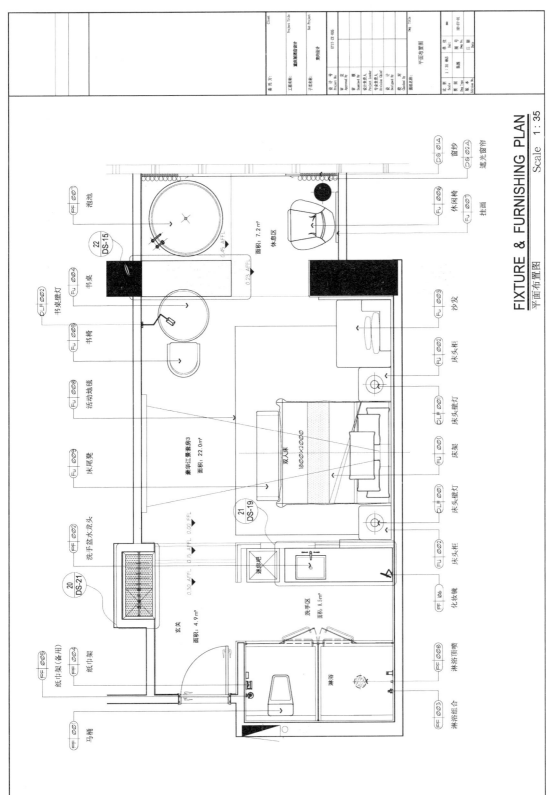

FIXTURE & FURNISHING PLAN
平面布置图
Scale 1:35

图 6-36 高空精品酒店施工图设计——豪华江景房平面布置图

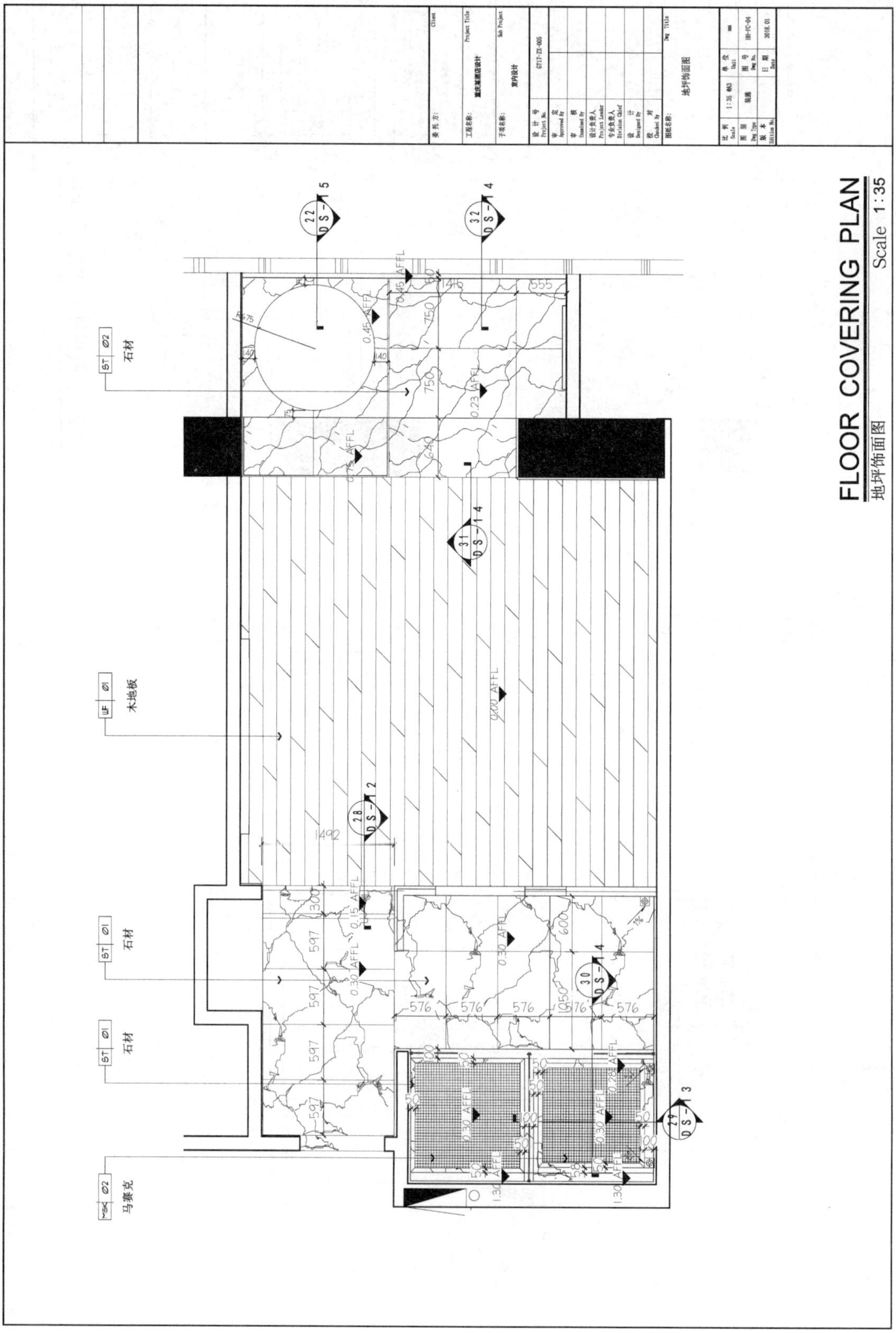

FLOOR COVERING PLAN

Scale 1:35

地坪饰面图

图6-37 高空精品酒店施工图设计——豪华江景房地面铺装图

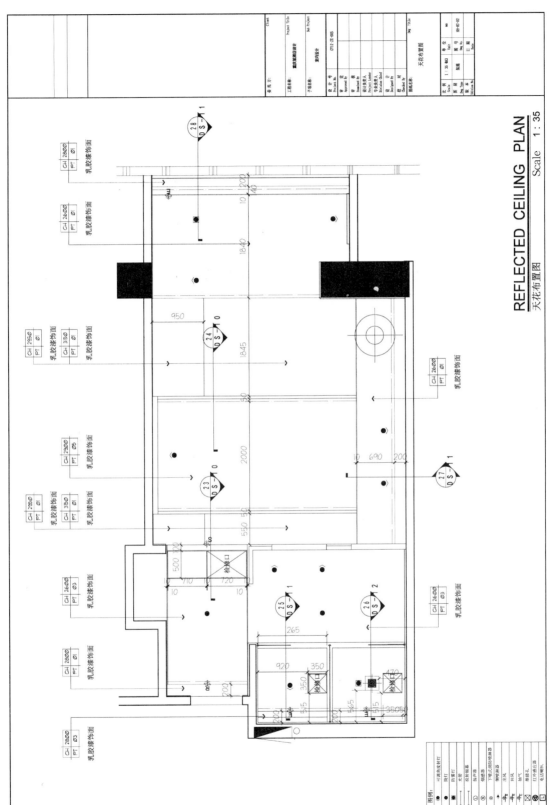

REFLECTED CEILING PLAN
天花布置图
Scale 1 : 35

图6-38 高空精品酒店施工图设计——豪华江景房天花布置图

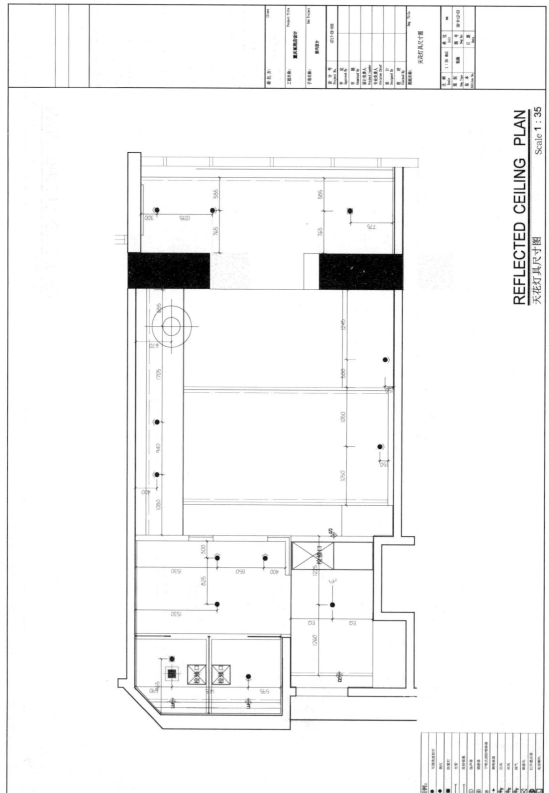

REFLECTED CEILING PLAN

Scale 1 : 35

天花灯具尺寸图

图6-39 高空精品酒店施工图设计——豪华江景房天花灯具尺寸图

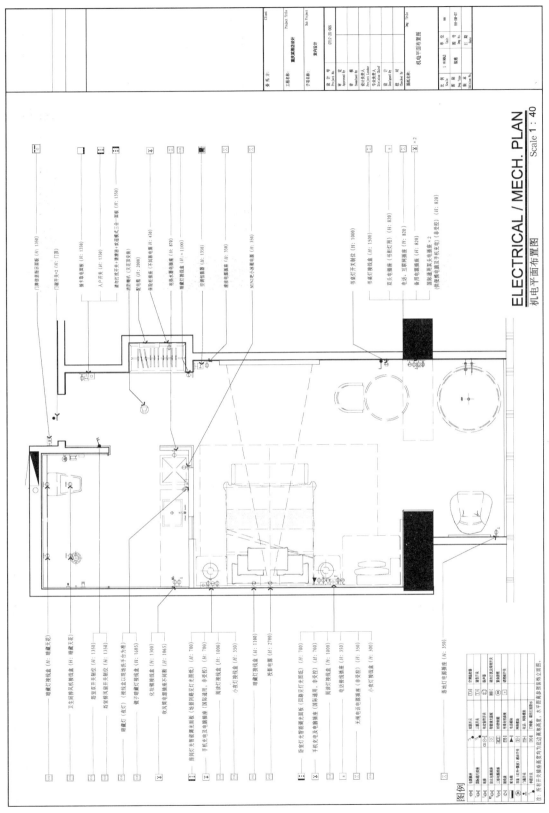

ELECTRICAL / MECH. PLAN
Scale 1 : 40

机电平面布置图

图6-40 高空精品酒店施工图设计——豪华江景房机电平面布置图

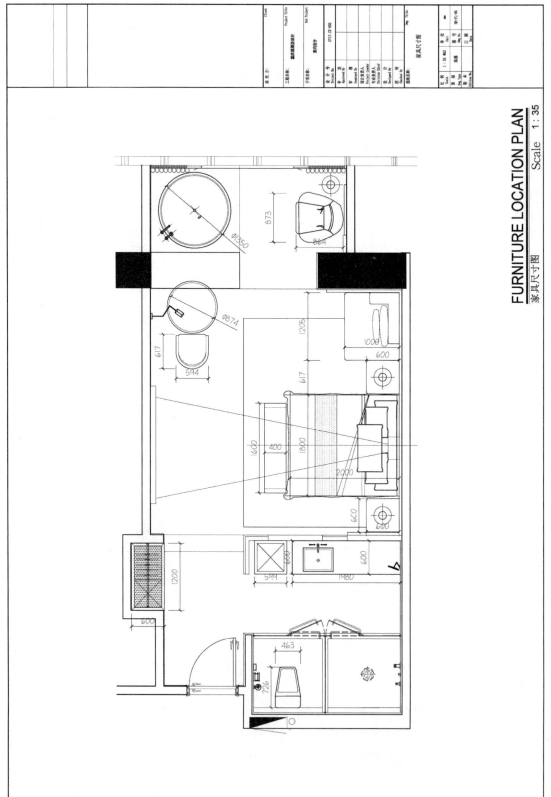

图 6-41　高空精品酒店施工图设计——豪华江景房家具尺寸图

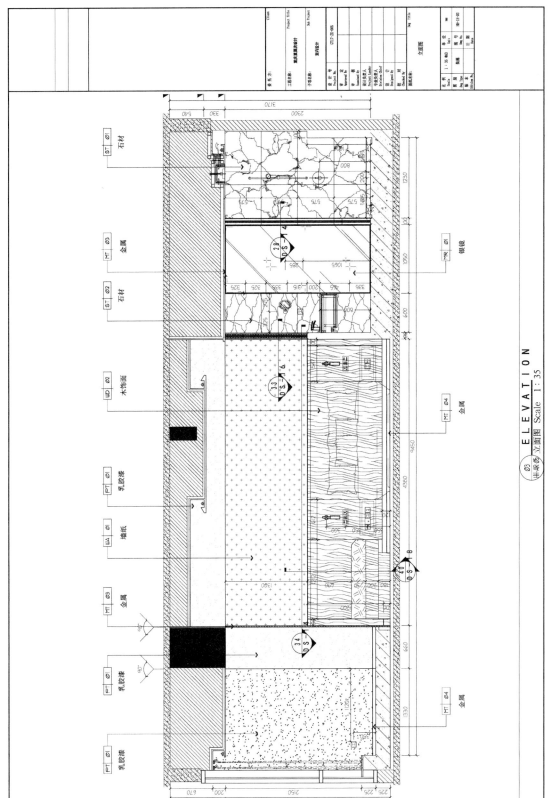

图6—42 高空精品酒店施工图设计——豪华江景房主要立面图

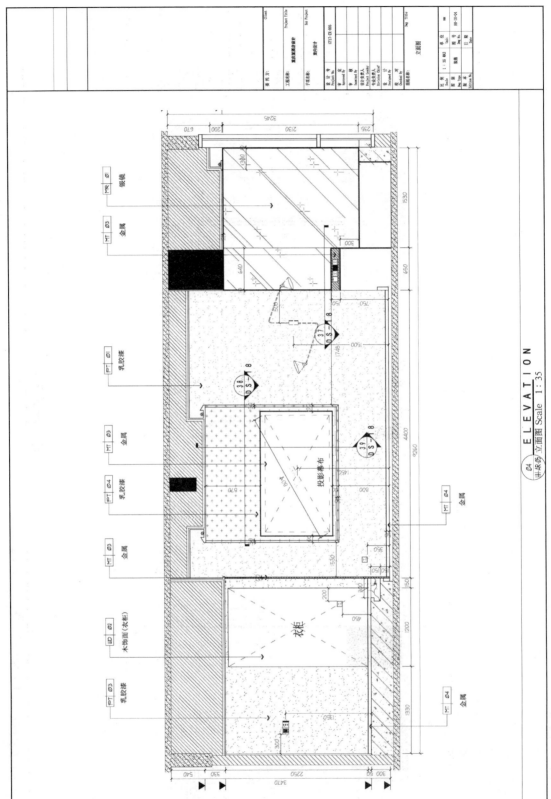

图 6-42　高空精品酒店施工图设计——豪华江景房主要立面图（续）

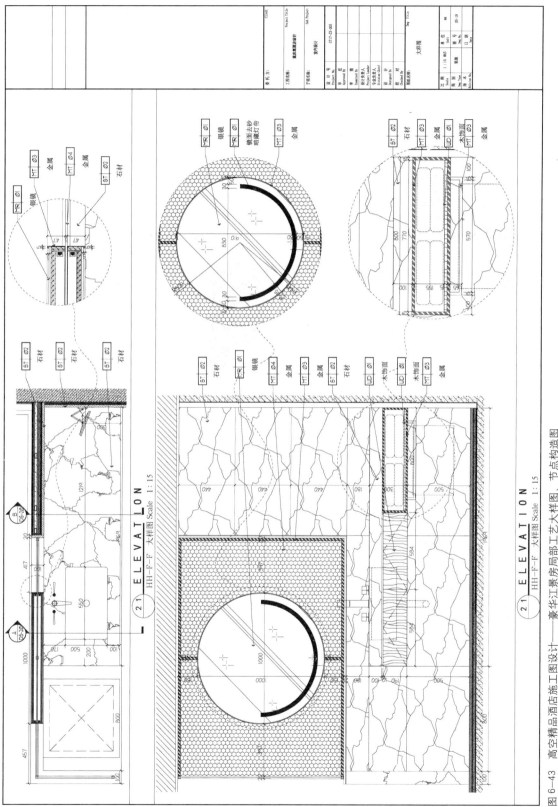

图 6-43 高空精品酒店施工图设计——豪华江景房局部工艺大样图、节点构造图

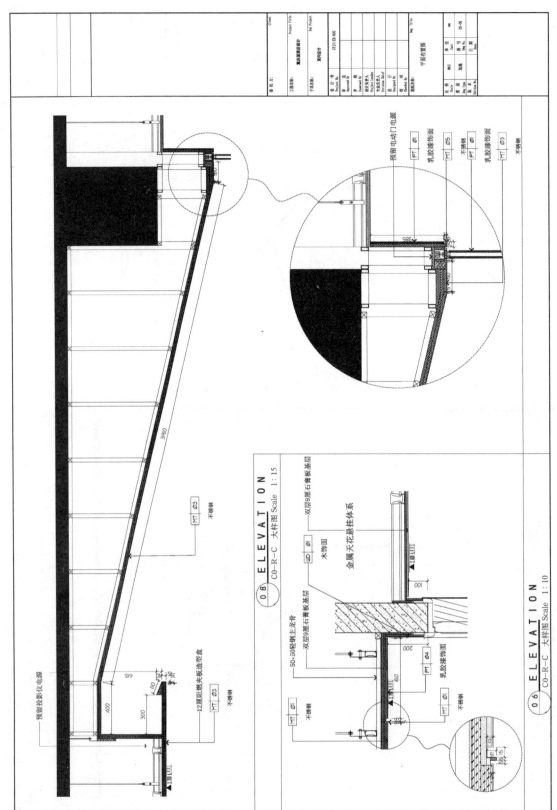

图 6-43　高空精品酒店施工图设计——豪华江景房局部工艺大样图、节点构造图（续）

08 ELEVATION
C0-R-C 大样图 Scale 1:15

06 ELEVATION
C0-R-C 大样图 Scale 1:10

双层9厘石膏板基层

木饰面

金属天花悬挂体系

双层9厘石膏板基层

50×50轻钢主龙骨

乳胶漆饰面

MT Ø1　不锈钢

预留电动门电源

乳胶漆饰面

MT Ø5

不锈钢

MT Ø3

乳胶漆饰面

MT Ø1

不锈钢

预留投影仪电源

MT Ø3　不锈钢

12厘照燃夹板造型盒

不锈钢

MT Ø3

不锈钢

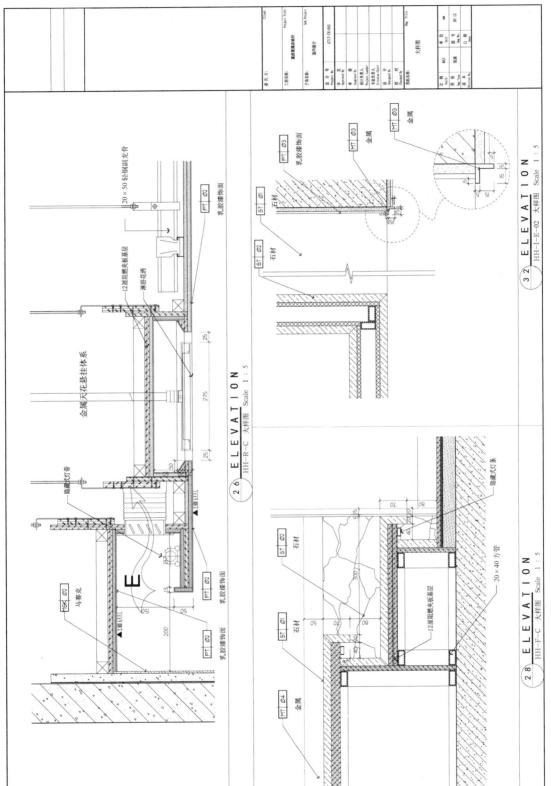

图 6—44 高空精品酒店施工图设计——豪华江景房工艺节点细部详图

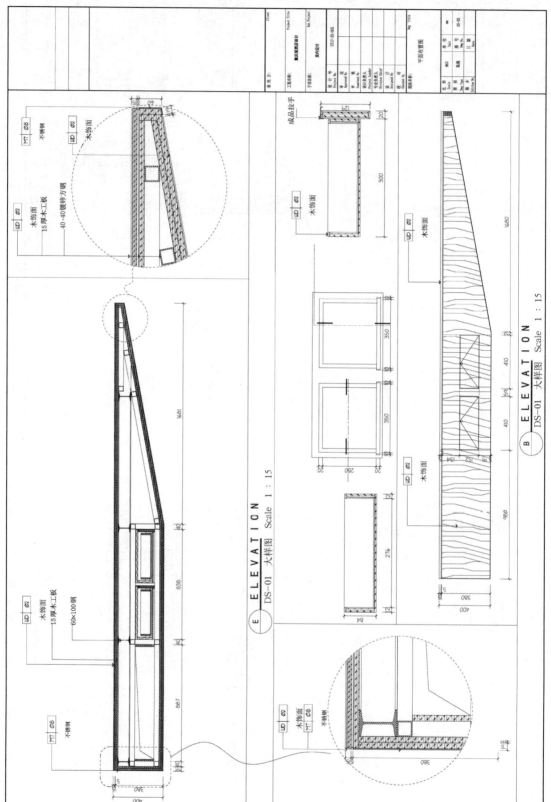

图 6-44 高空精品酒店施工图设计——豪华江景房工艺节点细部详图(续)

6.2　实训教学向导——《实例应用任务书：思维与表达项目解读训练》

6.2.1　任务内容

选择实际项目案例进行剖析，逆向分解项目概念设计、详细设计以及施工图设计的系统内容，并通过制作项目文本的方式进行整理，最终以口头汇报结合实物的方式提交成果。

6.2.2　测评标准

结合课堂汇报的成效和文本制作的质量进行综合测评。

汇报测评重点为思维推导的严密性、逻辑关系的合理性、设计理念和创意主题的创新性及空间设计意向的准确性。

文本制作的测评重点是文字、图片、图表对思维表达的准确性和协调性。

6.2.3　成果示范

以某宾馆为例，进行设计思维与表达分析成果的示范展示，详见二维码36。

36- 某宾馆设计表达文件

参考文献

[1] 王玥，张天臻. 公共空间室内设计 [M]. 北京：化学工业出版社，2014.

[2] 周长亮，庄宇，孟现凯. 室内空间手绘艺术思维与表现 [M]. 上海：东华大学出版社，2017.

[3] 李健华，于鹏. 室内照明设计 [M]. 北京：中国建材工业出版社，2010.

[4] 周吉平. 住宅从设计到建成——住宅项目设计、设计组织、建筑师制图及工地服务实践 [M]. 北京：中国建筑工业出版社，2018.

[5] 李宏. 建筑装饰设计 [M]. 北京：中国建筑工业出版社，2018.

[6] 李磊. 非凡手绘——室内设计手绘表达全图解 [M]. 上海：东华大学出版社，2017.

[7] 叶铮. 室内设计纲要 [M]. 北京：中国建筑工业出版社，2010.

[8] 高钰. 室内设计全过程案例教程 [M]. 北京：外语教学与研究出版社，2012.

[9] 邵龙，赵晓龙. 设计表达 [M]. 北京：中国建筑工业出版社，2006.

[10] 刘旭. 图解室内设计分析 [M]. 北京：中国建筑工业出版社，2014.

[11] 和田浩一，富樫优子，小川由佳利. 室内设计基础 [M]. 朱波，万劲，蓝志军，等 译. 北京：中国青年出版社，2014.

[12] 保罗·拉索. 图解思考——建筑表现技法 [M]. 邱贤丰，刘宇光，郭建青，译. 北京：中国建筑工业出版社，2002.

[13] 王东，余彦秋，刘清伟. 室内设计手绘与项目实践 [M]. 北京：人民邮电出版社，2017.

[14] 李江军. 室内软装全案设计 [M]. 北京：中国电力出版社，2018.

[15] 沈源. 家居精细化设计解剖书 [M]. 北京：化学工业出版社，2017.

[16] 金山，王成虎，马俊. 室内快题设计与表达 [M]. 北京：中国林业出版社，2018.

[17] 董辅川，王萍. 软装饰设计手册 [M]. 北京：清华大学出版社，2018.

[18] 叶铮. 室内建筑工程制图 [M]. 北京：中国建筑工业出版社，2018.

[19] 远藤和广，高桥翔. 图解照明设计 [M]. 南京：江苏科学技术出版社，2018.

[20] 黄红春. 设计思维表达 [M]. 重庆：西南师范大学出版社，2010.

[21] 刘旭. 图解室内设计思维 [M]. 北京：中国建筑工业出版社，2007.